LA MENTIRA

LA MENTIRA

la MENTIRA: Evolución/Millones de años

KEN HAM

Primera edición: Julio 1987
Trigesimo segúnda edición: Marzo 2011
Edición revisada: Septiembre 2012
Spanish edición: Noviembre 2017

Master Books®, P.O. Box 726, Green Forest, AR 72638
Master Books® es una división de New Leaf Publishing Group, Inc.

ISBN: 978-0-89051-877-9 (paperback)
ISBN: 978-1-61458-635-7 (ebook)
Library of Congress Number: 2017915207

Foto de portada: Rockafellow Photography, Springfield, MO

Portada: Diana Bogardus

Ilustraciones interiores: Dan Lietha, Steve Cardno, Daniel Lewis, y Jon Seest

A menos que se indique lo contrario, toda la Escritura citada es de la Versión Reina-Valera Revisión 1960.

Por favor considere pedir que una copia de este libro sea adquirida por su sistema bibliotecario local.

Impreso en los Estados Unidos de América

Por favor visite nuestro sitio web para encontrar otros grandes títulos:
www.masterbooks.com

Para información con respecto a entrevistas con el autor, por favor contacte al departamento de publicidad en (870) 438-5288.

DEDICATORIA

Esta versión actualizada todavía es dedicada a las mismas tres personas especiales sin las cuales esta publicación no habría sido posible.

Para mi madre y padre por depender de las Escrituras, su insistencia en la pureza de doctrina, y su aceptación sin comprometimiento de la Palabra de Dios y los principios en ella, los cuales aplicaron a toda área de vida.

Su ejemplo me equipó para que una autoridad más alta (el Señor) pudiera llamarme al servicio de tiempo completo para él. Agradezco a Dios por este entrenamiento cristiano y la dependencia de mis padres a la Palabra de Dios. Hasta el momento de escribir esto, mi madre todavía vive en Australia, pero mi padre ha ido a la gloria. En el Museo de la Creación (abierto en 2007) hay una exhibición con la Biblia de mi Padre y un pequeño modelo del arca de Noé que me construyó, junto con video y fotografías de mi padre y mi madre. Esta exhibición está como testimonio a los padres piadosos y un reto a otros con respecto a qué clase de legado están dejando a sus hijos.

Para mi querida esposa, Mally, que en verdad ha sido una conmigo en todos los aspectos de nuestra vida matrimonial (en nuestro año 38 de matrimonio como una actualización de este libro) y nuestra participación en el ministerio creacionista. Su dedicación y devoción cristiana sincera con respecto a mi envolvimiento en este vital ministerio puede ser resumida por las palabras de Ruth, en Ruth 1:16, "Porque a dondequiera que tú fueres, iré yo, y dondequiera que vivieres, viviré". Un capítulo especial titulado "Una joven llamada Ruth", en el libro que mi hermano Stephen y yo escribimos llamado *Raising Godly Children in an Ungodly World (Criando hijos piadosos en un mundo impío)*, explica más sobre este testimonio "Ruth". Las habilidades especiales de Mally dadas por Dios y su amor por los niños han sido una verdadera bendición a nuestros cinco amados hijos (y en el momento de escribir esta dedicatoria, a nuestros diez nietos —uno de los cuales todavía está en el vientre) y me ha hecho posible proclamar extensamente el mensaje de la autoridad de la Escritura y el evangelio a millones de personas en varias partes del mundo a través del ministerio creacionista ahora conocido como Answers in Genesis. En verdad, el Museo de la Creación (que ha visto más de un millón de visitantes desde su apertura) es un legado de padres piadosos y una esposa piadosa y devota.

RECONOCIMIENTOS

Este libro es la culminación de más de 30 años de experiencia en el ministerio creacionista/autoridad bíblica que comenzó en nuestra casa en Australia y ahora se ha extendido alrededor del mundo—siendo uno de los clímax la apertura del Museo de la Creación en el área de Greater Cincinnati (EE.UU.) en 2007.

Sería imposible recordar a todos aquellos que me han ayudado e influenciado a lo largo del camino.

Cuando inauguramos el ministerio Fundación Ciencia de la Creación en Australia a finales de los '70s, ciertamente no nos dimos cuenta de los efectos de largo alcance que este ministerio tendría en diferentes partes del mundo.

El manuscrito original de *La mentira* fue escrito por Carol Van Luyn. Ella sabía poco que esta obra sería un bestseller en el ministerio creacionista durante 25 años antes que necesitara ser revisado y actualizado. Me gustaría reconocer a mi buen amigo y artista Steve Cardno, quien, con incansable esfuerzo de sus talentos dados por Dios, produjo las ilustraciones originales utilizadas en la primera publicación de este libro.

Otros artistas han construido sobre el trabajo que Steve logró y han actualizado las ilustraciones. Los "diagramas de castillo" que Steve originalmente dibujó, aunque ahora modificados, permanecen hasta el día de hoy como las ilustraciones clásicas que representan el mensaje del ministerio de Answers in Genesis. El nombre de Dr. Gary Parker aparece en ocasiones a lo largo de este libro. El Dr. Parker es un conferencista y autor creacionista bien-conocido que se volvió parte integral del alcance inicial de Answers in Genesis cuando se fundó en 1994. He tenido el privilegio de aparecer con él en varias plataformas en Australia y los Estados Unidos. Muchas de las experiencias que compartimos juntos antes de que el manuscrito fuera escrito por primer vez han contribuido a partes de este libro.

Me gustaría agradecer a Dan Lietha, el caricaturista e ilustrador de AiG desde hace mucho tiempo, por las muchas horas que dedicó a preparar las ilustraciones para esta nueva edición. También me gustaría agradecer a Steve Golden, mi asistente de investigación, por el considerable tiempo que pasó en la investigación para la actualización de este manuscrito, y también en su edición.

Por último, me gustaría agradecer sinceramente al finado Dr. Henry Morris, que es considerado al padre del movimiento creacionista moderno. Él, junto con el Dr. John Whitcomb, escribieron el clásico *The Genesis Flood (El diluvio de Génesis)*, que fue el primer libro creacionista bíblico importante que tuvo una gran influencia en mi manera de pensar. También, el libro del Dr. Morris *The Genesis Record (El registro de Génesis)* tuvo una profunda influencia en mi comprensión de la importancia del libro de Génesis. Fue este libro lo que inspiró mi primer sermón sobre "La relevancia de Génesis", lo cual comenzó realmente mi principal ministerio de enseñanza en el movimiento de la creación. A todos mis amigos y colegas que han sido torres de fortaleza para mí en los últimos muchos varios años—gracias.

CONTENIDO

PREFACIO

ESTE LIBRO FUE ESCRITO en 1986 y publicado primero en 1987. En 2012, me puse a revisar y actualizar esta obra, que aún representa la esencia del mensaje que el Señor me ha llamado a proclamar a la iglesia y al mundo. He recibido más testimonios con respecto a vidas cambiadas desde este libro que de cualquier otro que haya escrito. Aunque el mensaje básico no ha cambiado en los 25 años desde que escribí esta obra, ese mismo mensaje ha madurado considerablemente, y creo que esta versión actualizada es muchas veces más poderosa que la original.

El finado Luther D. Sunderland escribió el prólogo original. Dado que el mensaje básico del libro ha permanecido el mismo, quiero que este prefacio original también permanezca, como un tributo al ministerio creacionista de Luther Sunderland.

Ken Ham

****

Tal vez usted no ha sido notablemente exitoso en ganar amigos y conocidos para la creencia en Dios, y su Hijo Jesucristo, que cambia la vida. Podría haberse preguntado por qué la iglesia cristiana en general parece estar perdiendo terreno en su batalla con los males del mundo secular. No sólo este libro identifica la razón de estos problemas, sino también ofrece una solución eficaz. Cuando usted lea el análisis lógico de Ken Ham de la situación y la clara manera en que propone corregirla, probablemente dirá, "¿Por qué no pensé en eso?"

A un ritmo siempre en aceleración, la sociedad está poniendo su sello de aprobación en las prácticas que hace apenas algunas décadas no sólo eran desaprobadas sino que eran completamente ilegales. Mientras que una vez la iglesia cristiana tuvo un impacto significativo en la sociedad, en la actualidad casi todo vestigio de nuestra herencia cristiana está siendo erradicado. Después de propagarse como incendio fuera de control a partir de un minúsculo puñado de creyentes a las cuatro esquinas del mundo el cristianismo en la actualidad está en retirada a una tasa incluso más rápida que aquella con la cual se difundió.

Debe haber una causa raíz para esta inversión que la iglesia cristiana está pasando por alto— una falla fundamental en nuestro enfoque. ¿Por qué los cristianos una vez influenciaron ambas las costumbres sociales y las leyes de gobierno pero actualmente están encontrando que incluso en los Estados Unidos, la llamada tierra de los libres con una constitución que garantiza el libre ejercicio de la religión, sus derechos están siendo flagrantemente violados?

Ken Ham va al fondo del problema en este libro. Muestra cómo hemos estado simplemente combatiendo los síntomas de la causa raíz ignorada. ¿Por qué no hemos podido convencer al mundo de los males del aborto, el divorcio, la homosexualidad, la pornografía y las drogas? El Sr. Ham ha identificado la verdadera razón del asunto. La causa es tan sutil que incluso la mayoría de las grandes denominaciones religiosas han sido engañadas y han fallado en reconocerla.

Con la educación pública e incluso los seminarios enseñando que la evolución, justo como la ley de la gravedad, es un hecho científico, los estudiantes han decidido que debe existir una explicación naturalista para todo, así que olvidan todo acerca de Dios. De cualquier forma, ellos saben que sus Diez Mandamientos ponen una encrespadura en sus estilos de vida sexuales, así que están muy ávidos de escapar de tales restricciones. Adoptaron la nueva moral; si se siente bien, haz cualquier cosa que puedas para salirte con la tuya sin ser atrapado.

Si no hay ningún Creador, no hay ningún propósito en la vida. Por lo tanto no hay alguien vigilándonos a quien algún día debemos dar cuenta de nuestras acciones. Así llegamos a la raíz de los problemas de la sociedad. Cuando Dios el Creador se quita de la imagen, no hay absolutos; hay una pérdida de respeto por la ley y los principios absolutos, y el hombre queda a la deriva en un universo sin propósito, guiado sólo por sus pasiones volubles y la situación del momento.

El Sr. Ham demuestra que Génesis en particular es un relato confiable de eventos reales que están respaldados por evidencia científica sólida. Además, muestra cómo el cuestionamiento de este libro fundamental de la Biblia, incluso por muchos cristianos, ha llevado a la degeneración de la sociedad para que los únicos códigos morales que acepta estén basados en la "supervivencia del más apto", "haz tus propias cosas", y "si se siente bien, hazlo". No hay absolutos morales.

Este libro es lectura obligada para todos los cristianos. Da respuestas muy necesarias a las preguntas comunes de los incrédulos y consejos para los padres que deben preparar a sus hijos para enfrentar un mundo secular rebelde. El Sr. Ham recurre a una gran experiencia respondiendo preguntas durante años de conferencias en todo Estados Unidos y Australia.

Luther D. Sunderland
Autor de *Darwin's Enigma: Ebbing the Tide of Naturalism (El enigma de Darwing: Disminuyendo las marea del Naturalismo)*

INTRODUCCIÓN
(PRIMERA EDICIÓN)

FUI CRIADO EN UN HOGAR CRISTIANO en el que la Biblia era totalmente aceptada como la palabra infalible e inerrante de Dios que proveía la base para los principios a ser aplicados en toda área de la vida. Reconocí el conflicto cuando como estudiante de preparatoria se me enseñó la idea de la evolución. Si Génesis no era literalmente verdadero, ¿entonces qué partes de la Biblia podría yo confiar?

Mis padres sabían que la evolución estaba equivocada porque era obvio apartir de Génesis que Dios nos había dado los detalles de la creación del mundo. Estos detalles eran importantes verdades fundamentales para el resto de la cristiandad. En ese tiempo, la riqueza actual de materiales ahora disponibles sobre el asunto creación/evolución ni siquiera era prevista. Recuerdo haber ido con mi ministro local y preguntado qué hacer acerca del problema. Me dijo que aceptara la evolución pero luego agrégarla a la Biblia para que Dios usara la evolución y millones de años para dar existencia a todas las formas de vida.

Esta fue una solución insatisfactoria al problema. Si Dios no quiso decir lo que dijo en el Génesis, entonces ¿cómo podría uno confiar en él en el resto de las Escrituras? ¡No sólo esto, sino que creer en la evolución y millones de años significa permitir muerte, enfermedad, fósiles, espinas, animales comiendose unos a otros y sufrimiento en existencia millones de años antes del hombre! ¿Cómo puede ser esto cuando la Biblia enseña que Dios llamó a su creación "buena en gran manera" *antes* del pecado? La Biblia dice que las espinas vinieron después de la maldición y que los animales (y el hombre) eran originalmente vegetarianos. La Biblia relata que el hombre fue hecho del polvo y la mujer de su costilla. ¿Cómo puede esto correlacionarse con el hombre y la mujer evolucionando de creaturas parecidas a simios?

Complete mi grado de ciencia y mi año de etrenamiento de maestro encasillando este problema, regurgitando a los conferencistas lo que me decían respecto la evolución. No sabía desde una perspectiva científica por qué no creía la evolución— pero sabía desde una perspectiva bíblica que tenía que ser incorrecta o mi fe estaba en problemas.

Justo antes de recibir mi primer puesto de enseñanza, el finado Sr. Gordon Jones (que fue con el Señor en 2012), y luego el director de una universidad de profesores en Australia, me dio un pequeño libro deliniando algunos de los problemas con la evolución. También me dijo sobre los libros que estaban haceindose disponibles sobre este tema—libros escritos por personas como el Dr. Henry Morris. Busqué en las librerías para tratar de juntar tanto de este material como fuera posible.

The Genesis Flood (El diluvio de Génesis) de Morris y Whitcomb fue uno de los primeros libros que leí sobre el tema. Cuando me di cuenta que había respuestas fáciles al dilema creación/ evolución/ millones de años, sentí una carga real de parte del Señor de salir y compartir esta información con los demás. Llamo a esa carga "fuego en mis huesos", identificandome con Jeremías 20:9: "No obstante, había en mi corazón como un fuego ardiente metido en mis huesos; traté de sufrirlo, y no pude". No podía entender por qué la iglesia en ese tiempo, por lo que había experimentado, no había conscentizado a las personas de esta información—que realmente había ayudado a restaurar mi fe en las Escrituras y me puso fuego por el Señor.

Entender la naturaleza fundamental de Génesis para toda doctrina cristiana fue un real despertar. Este libro es el resultado de una serie de mensajes desarrollados para que los cristianos pudieran entender mejor la importancia y relevancia de Génesis, la verdadera naturaleza de la cuestión de creación/evolución, y por qué estamos viviendo en tiempos donde podemos observar el colapso del cristianismo en nuestro mundo occidental. Una y otra vez, la gente se me ha acercado y dicho que nunca se habían dado cuenta de la importancia de Génesis—de hecho, para muchos de ellos significó un completo avivamiento de su fe. Algunos dicen que fue como una experiencia de conversión de nuevo otra vez. Este libro trata la importancia de un Génesis literal para la iglesia y la cultura. Oro que rete las mentes y corazones de pastores, público en general, académicos y estudiantes por igual.

INTRODUCCIÓN
(2012)

HAN SIDO 25 AÑOS desde que mi primer libro, *La mentira: Evolución*, fue publicado. Es notable que todavia haya permanecido como un fuerte vendedor después de todos estos años. Ya que este año marca el 25 aniversario de la publicación de La mentira, pensé que era momento de revisarlo y actualizarlo.

Mientras leía el libro, me sorprendió encontrar que la mayoría de los argumentos utilizados en 1987 en contra de la evolución/millones de años y para defender un Génesis literal todavía son utilizados en la actualidad. Pero mientras pensaba más en ello, recordé que la Palabra de Dios no cambia. Más aun, los argumentos principales utilizados en este libro se obtienen de las Escrituras y señalan la incompatibilidad de la Biblia con las ideas evolucionistas.

Con esto en mente, comencé a actualizar y revisar este libro, pero quize mantener intacto el contenido básico y mantener el mismo orden de capítulos, al también añadir ejemplos modernos y hacer al libro más actual. Mientras leía los ejemplos de la vida real de las conversaciones y conflictos con personas de hace más de 25 años, no pude evitar pensar en el verso de la Escritura que dice, "¿Qué es lo que fue? Lo mismo que será. ¿Qué es lo que ha sido hecho? Lo mismo que se hará; y nada hay nuevo debajo del sol" (Eclesiastés 1:9). El mismo conflicto sobre los orígenes ocurre en la actualidad, incluso si algunos de los argumentos contra la autoridad de la palabra de Dios han cambiado en algunos aspectos.

Decidí borrar los dos apéndices en la edición original. Éstos fueron incluidos porque en 1987 no había la pletora de información que está disponible en la actualidad para equipar a las personas con respuestas a las preguntas escépticas que son usadas para atacar Génesis 1-11. Ahora hay numerosos recursos (libros, DVDs, planes de estudio y más), incluyendo sitios web como www.AnswersInGenesis.org, que albergan miles de artículos y recursos con respuestas a virtualmete cualquier pregunta que una persona pueda tener sobre los origenes.

Sin embargo, he añadido tres nuevos apéndices en esta edición que ayudan a detallar el razonamiento detrás de los considerables cambios por toda esta nueva edición:

1. Aunque los argumentos principales se han mantenido intactos, la presentación del mensaje ha madurado grandemenete en los últimos 25 años. En la edición original, delinee el argumento fundamental en términos de creación versus evolución. Sin embargo, para ayudar a las personas a entender y explicar más el mensaje, esta nueva edición de *La mentira* ahora lo presenta como la Palabra de Dios contra la palabra de hombre. Ver el Apéndice 1 para los detalles sobre este cambio.

2. El título original del libro era *La mentira: Evolución*. Y, honestamente, pienso que hace 25 años cuando veía a tantísimos en la iglesia comprometiendose con la evolución, me di cuenta que esto era un ataque contra la autoridad de la Palabra de Dios. Sin embargo, mientras el movimiento creacionista bíblico ha crecido y madurado, entendemos más claramente que la evolución biológica es en realidad el síntoma de lo que llamo la "enfermedad" de millones de años (evolución geológica y cosmológica). Por lo tanto, he añadido secciones considerables para ayudar a la gente a entender que incluso si un cristiano rechaza la evolución pero acepta una tierra y universo viejos (millones de años), ha desasegurado una puerta para socavar la autoridad bíblica. No sólo esto, sino que permitir muerte, enfermedad y sufrimiento (como están exhibidos en el registro fósil) millones de años antes que el hombre pecara es un ataque

a la cruz—lo cual es un problema serio. Por esta razón, he cambiado el título del libro a *La mentira: Evolución/ Millones de años* para reflejar major los argumentos. Ver Apéndice 2 para detalles.

3. A lo largo de *La mentira*, referencío varias posiciones de comprometimiento del relato de la creación en Génesis, como la teoría de la brecha, la creación progresiva, la evolución teísta, la apreciación día-era y otras. Algunas de las posiciones de comprometimiento no han cambiado desde la publicación original de *La mentira*, mientras que otras se han popularizado en los últimos 25 años. Para poder ayudar a los lectores a comprender las posiciones mejor, he incluido una sección que define cada posición y señala los problemas que tiene. Ver Apéndice 3 para detalles.

Aunque no utilice el término de *apologética presuposicional* en el libro original, este fue sin duda el enfoque apologético que tenía— y ahora he fortalecido en esta edición de 25 aniversario.

Génesis 3 y la portada original

Cuando la mentira fue publicada por primera vez en 1987, el artista Marvin Ross produjo el diseño de la portada. En aquel momento, Marvin trabajaba como artista de tiempo completo para el Institute for Creation Research (Instituto para la Investigación de la Creación).

LA MENTIRA EVOLUCIÓN

Me gustó mucho la portada, ya que representa lo que me gusta llamar "el ataque Génesis 3" de nuestra época. En 2 Corintios 11:3 Pablo tiene una advertencia para nostros:

> Pero temo que como la serpiente con su astucia engañó a Eva, vuestros sentidos sean de alguna manera extraviados de la sincera fidelidad a Cristo.

Permítanme parafrasear esto para usted. Pablo está adviertiendonos que Satanás va a utilizar el mismo ataque contra nosotros (y nuestros hijos, nietos, amigos, familiares y otros) como lo hizo contra Eva para llevarnos a una posición de no creer las cosas de Dios.

Tenemos entonces que prestar atención a ese ataque y entenderlo para que podamos estar preparados. Para hacerlo, tenemos que regresar a Génesis 3: 1:

> Pero la serpienteera astuta, más que todos los animales del campo que Jehová Dios había hecho; la cual dijo a la mujer: ¿Conque Dios os ha dicho [dijo Dios en realidad que] ...?

El primer ataque fue a la Palabra de Dios. El método de Satanás fue causar que Eva y Adán a dudaran de la Palabra de Dios, para que esa duda llevara a la incredulidad. Y eso es exactamente lo que sucedió.

Este ataque ha continuado sin cesar desde Génesis 3. El ataque Génesis 3 ha seguido a través de los siglos. Sin embargo, estos ataques se han manifestado de diferentes maneras en distintas épocas de la historia. Por ejemplo, ¡a Pedro y Pablo, al predicar sobre la resurrección, no se les habría preguntado sobre la datación con carbón!

El punto es, a través de los siglos la palabra de Dios ha estado bajo ataque de diferentes maneras en diferentes periodos de la historia, y el pueblo de Dios ha tenido que lidiar con estos ataques mientras contienden por la fe. Tenemos que hacernos a nosotros mismos una pregunta: ¿Cuál es el ataque Génesis 3 en nuestra época de la historia? ¿Cuál es el ataque "¿Dijo Dios realmente" de nuestros días que se utilizará para que la gente dude y finalmente no crea la Palabra de Dios?

Creo que la enseñanza de la evolución y millones de años son ese ataque. El enfocque del ataque principal Génesis 3 en nuestros días ha sido nivelado a los primeros 11 capítulos de la Biblia. Eso es de lo que *La mentira* se trata. Y eso es lo que esta ilustración de la portada original estaba destinada a representar. Algunos años después de la primera edición, la editorial decidió cambiar la portada pero todavía tiene una ilustración que representa este ataque Génesis 3. Aunque me encantó la portada original (y personalmente todavía pienso es la mejor), entiendo el cambio porque algunas personas sentían que la portada era un poco demasiado escalofriante de ver.

Por supuesto, la Biblia no dice que la fruta que Adán y Eva tomaron del árbol prohibido fuera una manzana, como se ha vuelto una especie de tradición en nuestra cultura. No sabemos cuál fue la fruta. En el diorama del Museo de la Creación que muestra a Eva con la fruta en su mano, la fruta luce como pequeños frutos rojos de algún tipo. Hicimos esto para establecer el punto de que la Biblia no dice que fue una manzana—de hecho, la Biblia no nos da descripción de la fruta.

Sin embargo, la ilustración de la portada representa la fruta como algo parecido a una manzana porque queríamos captar la atención de la gente. Debido a la tradición cultural de que la fruta fue una manzana, el artista utilizó esta fruta como una ilustración simbólica para que las personas inmediatamente, piense en la tentación de Eva, y luego de Adán, tomaran la fruta en desobediencia al claro mandamiento de Dios de no hacerlo..

Como ha cambiado el ministerio

Mucho ha sucedido en el transcurso de los últimos 25 años. Como Ministerio, hemos podido llegar a la gente a través de un número creciente de medios—¡y encontramos maneras más nuevas cada año! Alabamos a Dios por como ha crecido el Ministerio.

A principios de nuestro ministerio, en 1994, Answers in Genesis comenzó a hacer grandes conferencias. En la actualidad, recibimos varios cientos de solicitudes cada año para llevar a cabo reuniones.

Más adelante en 1994, nuestro programa de radio *Respuestas... con Ken Ham* comenzó a transmitirse en 45 estaciones. El programa fue formateado recientemente y ahora se escucha en cientos de estaciones (más el podcast vía iTunes y también a través de nuestra página web).

Nuestro sitio web, www.answersingenesis.org, ahora promedia alrededor de un millón visitas cada mes. No sólo eso, sino que en 2006 y este año otra vez, nuestro sitio web recibió el prestigioso premio "Sitio Web del Año" del National Religious Broadcasters (Transmisores Reliosos Nacionales), un grupo de 1,300 ministerios.

En enero de 2007, AiG lanzó Answers Worldwide. Esta división entrena líderes cristianos alrededor del mundo en apologética creacionista y trabaja para aumentar el número de materiales y artículos traducidos.

En mayo de 2007 se inauguró el Museo de la Creación en el área de Greater Cincinnati. El número de visitantes ha sido tremendo

(¡más de 1.6 millones y contando!), y confiamos que el Señor está utilizando el Ministerio de Answers in Genesis y el Museo de la Creación para mostrar a la gente la verdad del evangelio y la importancia para la autoridad de la Palabra de Dios de un Génesis literal. De hecho, el Museo de la Creación ve visitantes de varios grupos de ateos y agnósticos, que con frecuencia estan al frente de los ataques Génesis 3 a la Escritura.

Oro por que este libro lo rete a meditar seriamente el ataque Génesis 3 de nuestra época— un ataque que creo ha socavado grandemente la autoridad de la Escritura y ahora permea al mundo. Oro por que esta edición revisada y actualizada de La mentira hará el mensaje más poderoso retando a la iglesia y la cultura a volver a la autoridad de la Palabra de Dios desde el primer verso.

— Ken Ham

Capítulo 1

EL CRISTIANISMO ESTÁ BAJO ATAQUE

DESPUÉS DE QUE HABÍA DADO mi sermón en una iglesia, un joven comentó: "Entender tu mensaje sobre la importancia de mantenerse firme en la Palabra de Dios empezando con Génesis, fue como vivir otra vez la experiencia de convertirme."

Más tarde, después de una conferencia, un hombre se acercó y me dijo "¡Lo que dijiste . . . fue como si de repente se prendiera un fuego sobre mi cabeza!" Una joven parada cerca también afirmó, "Hoy me di cuenta de que mi entendimiento del Cristianismo era como ver una película desde la mitad. Tú me trajiste al principio y ahora entiendo de qué se trata todo esto." Un señor se acercó y dijo, "Esta información es una llave. No solo nos muestra la razón de por qué tenemos problemas en la sociedad hoy en día, sino que también muestra cómo tenemos que ser mucho más eficaces en nuestro testimonio para Cristo Jesús . . . gracias."

Estamos viviendo tiempos desafiantes. Toda nuestra cultura occidental, que estaba basada en el pensamiento cristiano, se está volviendo cada vez más anti-cristiana. Vemos como aumentan los matrimonios gay, el apoyo del aborto libre, la desobediencia a las autoridades, la renuencia a trabajar, los hogares abandonados, se abandona la vestimenta, aumenta la pornografía, crece la delincuencia y las agresivas campañas de marketing de ateos que promocionan su religión, entre otras cosas. Los cristianos pelean por su libertad y se les cataloga como los malos, incluso en un así llamado "país cristiano."

¿Qué ha pasado en la sociedad para que vengan todos estos cambios? ¿Por qué hay tanta gente cínica y cerrada al evangelio cuando les hablamos de Cristo? Tiene que haber alguna razón fundamental para este cambio. En 1 Crónicas 12:32 leemos que los hijos de Isacar tenían entendimiento de los tiempos. ¿Tenemos entendimiento de los tiempos en que vivimos? ¿Estamos viendo el colapso del Cristianismo en el Mundo Occidental? ¿Cuál es la causa fundamental? ¿Cuáles son las razones principales para que la sociedad moderna se aleje más y más de Cristo?

Incluso en la gran nación de América, con la mayor influencia del Cristianismo en el mundo y más recursos cristianos en esta época que en cualquier otra de la historia, vemos como es un país cada vez menos cristiano. Año tras año más personas usan la frase "Felices Fiestas" en lugar de "Feliz Navidad". Escenas navideñas, cruces y los Diez Mandamientos, están siendo prohibidos en los lugares públicos.

La creación, la oración y la Biblia han sido en gran parte eliminadas del sistema de educación secular en el país.

Y a pesar de todas las iglesias, las mega-iglesias, y los programas que hay dentrode ellas, la iglesia no está tocando la cultura como solía hacerlo; yo pienso que es porque la cultura ya se metió demasiado en ella.

Años atrás nuestra sociedad occidental estaba basada en absolutos cristianos, construidos sobre la Biblia. La gente sabía lo que era bueno y lo que era malo. Comportamientos tales como desviaciones sexuales, divorcios fáciles, corrupción, matrimonios gay, aborto libre, pornografía y desnudez eran considerados como malos. Diversos castigos eran impuestos por nuestra sociedad a los transgresores. Los juicios morales estaban básicamente construidos sobre principios bíblicos (por ejemplo, los Diez Mandamientos). La mayoría de las personas aceptaba o respetaba la existencia de Dios y en un sentido más amplio, se sujetaban a la moral cristiana.

Ahora, sin embargo, más gente rechaza la Biblia como una autoridad absoluta sobre la cual construir su cosmovisión. A medida que la gente rechaza creer en la Palabra de Dios como fundamento de sus creencias, cuestiona también las bases de la moral de la sociedad en que viven. Para empezar, si no hay Dios, ¿porque tendríamos que obedecer cualquiera de los Diez Mandamientos? ¿Por qué decir que el matrimonio gay está mal? ¿Por qué impedir que las mujeres aborten cada vez que quieran? Una vez que las personas eliminan la Palabra de Dios como base de su moral, son capaces de cambiar cualquier ley basada en verdades cristianas que tienen a Dios como Creador (por lo tanto Dueño) de todo.

Los absolutos cristianos han sido diluidos o removidos como la base de la sociedad, y fueron reemplazados con una cosmovisión que dice: "No tenemos por qué aceptar la manera cristiana de hacer las cosas (basando nuestra visión del mundo y de la vida en principios bíblicos) como única manera; debemos tolerar todas las religiones, creencias y formas de vida. Nosotros decidimos lo que es bueno y lo que es malo." A mi parecer nos acercamos a una situación similar a la descrita en el libro de Jueces: "En estos días no había rey en Israel; cada uno hacia lo que bien le parecía" (Jueces 21:25). Cuando no hay una autoridad absoluta (esto es, cuando la Biblia no es el fundamento de lo que creemos), el relativismo moral se infiltra en la cultura.

Vivimos en una era en que las personas demandan "tolerancia" sobre los diferentes puntos de vista. Sin embargo, esta tolerancia realmente significa una *intolerancia a los absolutos cristianos*. Esta falsa idea ha minado el Cristianismo y la mayoría de los cristianos nunca se dieron cuenta de lo que en realidad pasaba. Muchos fueron engañados al creer que no debían imponer su visión a la sociedad. Se nos dijo, por ejemplo, que los anti-abortistas no tenían lugar para exponer su posición ante la sociedad. ¿Alguna vez escuchaste que se diga esto de los grupos pro-abortistas? El resultado es que solo una posición es impuesta por los proabortistas: *¡la legalización del aborto!* No importa lo que hagas, no puedes negar el hecho de que un punto de vista está siendo impuesto sobre alguien por otra persona. No existe tal cosa como la neutralidad, aunque muchos cristianos fueron atrapados en la trampa de creer que sí la hay.

De hecho, yo pienso, que en América, esta falsa idea de neutralidad se ha convertido en un problema mayor para la iglesia y la nación. Por ejemplo, el asunto de la así llamada separación de iglesia y estado. Fue usado para sacar la Biblia, la oración, la creación y otros pensamientos cristianos, de la mayoría del sistema de educación secular. Muchos cristianos fueron engañados pensando que al aceptar esto, las escuelas serían terrenos neutrales. Por el contrario, el sistema educativo secular no es de ninguna manera neutral.

La Biblia enseña que uno está de parte de Cristo o contra Él (Mateo 12:30). Uno camina en la luz o en la oscuridad (Efesios 5:8); uno recoge o dispersa (Lucas 11:23). No existe una posición neutral. Un sistema de educación es para Cristo o contra Él.

Cuando la Biblia, la oración, la creación y otros aspectos del pensamiento cristiano son básicamente eliminados del sistema de educación secular, no es la religión la que está siendo expulsada de nuestras escuelas, es el Cristianismo. Y es reemplazado por la religión del naturalismo o ateísmo. Uno solo tiene que mirar los principales textos de biología usados en el sistema de educación secular para darse cuenta de cómo los estudiantes están siendo enseñados que el universo entero (incluyendo los humanos y toda la vida) es explicado por el naturalismo. Los estudiantes (y el 90 por ciento de los estudiantes de los hogares cristianos asisten a escuelas seculares en los Estados

Presuposiciones seculares

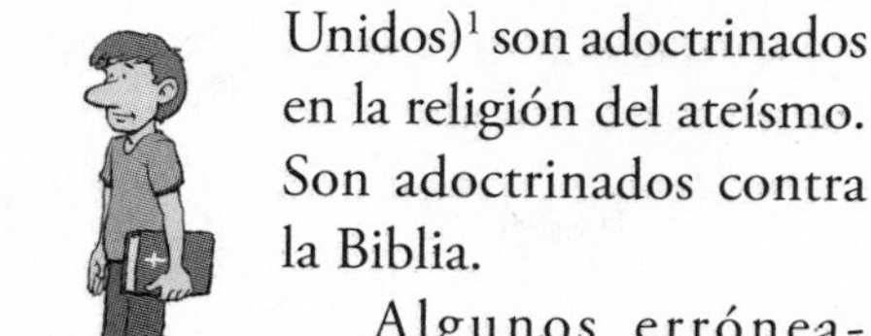

Presuposiciones bíblicas

Unidos)[1] son adoctrinados en la religión del ateísmo. Son adoctrinados contra la Biblia.

Algunos erróneamente creyeron la afirmación que los estudiantes pueden aprender de Dios en sus clases de religión, en la iglesia, o en sus casas, pero no en clases de ciencia, porque esto sería permitir que la religión entre al aula. No obstante, si en ciencias se les enseña que toda la vida (incluyendo los humanos como ellos) se explica por procesos naturales, que nada sobrenatural está involucrado, entonces, ¿quién es el Dios de sus clases de religión o de la iglesia? No puede ser el Dios de la Biblia, porque este es el Creador, y se les dijo que ningún creador tenía relación con nada del universo. Así que, los estudiantes están siendo adoctrinados contra el Cristianismo — justo en las narices de sus padres y pastores.

Lo que ocurre, es que el mundo está capturando la mente y corazones de generaciones de niños y ¡quién sea que lo haga, gobernará la cultura! Curiosamente después de la visita de un ateo al Museo de la Creación (abierto el 2007 en el área metropolitana de Cincinnati), el cual guía a través de la historia del mundo como esta descrita en Génesis, dijo:

> Para mí, la parte más espeluznante, fue la sección de los niños. [En el Museo de la Creación]. En ese momento aprendí la lección más profunda de mi visita al Museo. . . . Es en

1. Ken Ham y Britt Beemer, *Already Gone: Why Your Kids Will Quit the Church and What You Can Do to Stop It*, con Todd Hillard (Green Forest, AR: Master Books, 2009), p. 170.

la mente y corazones de los niños donde la batalla será peleada.[2]

¡El pueblo de Dios debe abandonar esta falsa idea de neutralidad! Esto provoca que los creyentes básicamente lleven de la mano a sus hijos y la cultura hacia el secularismo. Tristemente, esta idea también está invadiendo las instituciones cristianas.

Es como las tantas universidades teológicas y bíblicas, que dicen: "No tomamos una posición dogmática respecto al Génesis. Toleramos todos los puntos de vista". Sin embargo cuando alguien viene y dice: "¿Permitirías también la visión que dice que *tienes* que tomar el Génesis literalmente?", "¡Oh no!" responden ellos "¡No permitimos ese punto de vista porque toleramos a todos!" En realidad tomaron una posición dogmática para enseñar una posición dogmática a sus estudiantes — una visión que insta a las personas a no tomar el Génesis literalmente si no quieren hacerlo.

Durante una conferencia que di, una persona me dijo en tono enojado: "No es justo. Insistes en que tomemos el Génesis literalmente, que a Dios en serio le tomó seis días crear al mundo, que la evolución no es verdad y que de hecho hubo un diluvio global. Estas siendo intolerante a otros puntos de vista. Debes tolerar a personas como yo que creen que Dios usó la evolución y que Génesis es solo simbólico".

2. "10 de agosto, 2009, What I learned from the Creation Museum" publicado por un miembro de la Alianza Secular Estudiantil, http://pnrj.xanga.com/709441435/what-i-learned-from-the-creation-museum/.

Entonces le respondí, "Bueno, ¿qué quieres que haga?"

La persona replicó: "Debes permitir otras visiones y tolerar opiniones diferentes a las tuyas."

"Bueno," le dije, "mi punto de vista es que la interpretación literal de Génesis es la correcta. Todos los demás puntos de vista respecto al Génesis están mal. ¿Tolerarías mi opinión?"

La persona me miró pasmado y vaciló. Casi podía escucharlo pensar: "Si le digo que sí, aceptaría que diga que no puedes tener otra visión aparte de la mía; si le digo que no, obviamente estoy siendo intolerante. ¿Qué hago?" Entonces me miró y dijo: "¡Pura semántica!" En verdad quiso decir que perdió el argumento pero no quería aceptar su intolerancia hacia mi posición. El hecho es que había tomado una posición cerrada y dogmática.

Algunas veces la gente se molesta cuando se hace alguna declaración dogmática. Dicen: "No puedes ser tan dogmático." Esto en sí mismo ya es una afirmación dogmática. *Muchos piensan que solo algunas personas son dogmáticas y otras no. ¡Esto no es un asunto de si eres dogmático o no, sino cuál es el mejor dogma con el que ser dogmático!*

Una vez, hace muchos años en Australia, surgió un grupo llamado "tolerancia". Ellos insistían en tolerar todas las religiones y costumbres. Decían que debíamos parar la intolerancia en la sociedad. Era interesante ver como en sus folletos que, donde enumeraban sus puntos, la mayoría estaban en contra de relacionarse con el Cristianismo. Lo que en realidad reclamaban era una tolerancia a todo *excepto el Cristianismo. Estaban en contra de la autoridad absoluta de la palabra de Dios.* La idea de una mente abierta viene de la noción que no existe una verdad absoluta, o que esa verdad no puede ser conocida absolutamente. Algunos dicen "No hay absolutos." Irónicamente esta premisa se convirtió en su absoluto. Tales ideas derivan de una filosofía anti-bíblica que sostiene que todo es relativo.

Los absolutos cristianos — aquellas verdades y estándares de las Escrituras que no pueden ser alterados — son menos tolerados en la sociedad porque la Palabra de Dios ya no es el fundamento para construir una cosmovisión. Eventualmente esto resultará en la prohibición del Cristianismo — una posibilidad cada vez más real con una legislación que no solo restringe actividades cristianas incluso en América, sino que también da pie a que los cristianos sean vistos como criminales por la manera en que la legislación de crímenes odiados y otras leyes pueden a la larga ser usados.

Cuando los absolutos cristianos eran la base de la sociedad, actividades inmorales como la homosexualidad o lesbianismo y el aborto eran ilegales. Hubo un cambio fundamental. Ahora nuestra sociedad está basada en el relativismo moral: Esto es, una persona puede hacer lo que quiera y no tiene que rendir cuentas a nadie más que a sí mismo, siempre y cuando no afecte los intereses de los demás. Este relativismo moral da lugar a una sociedad que no puede decir nada en contra de aquellos que deciden ser desviados sexuales, aparecer desnudos en público, o lo que les dé la gana (siempre y cuando no contradiga la ley, la cual también está cambiando en una más tolerante a las acciones de la gente). Sí, vemos esta clase de tolerancia incluso en lo que se refiere al nudismo. En 2009 hubo un caso en Oregón en el cual un pueblo toleraba el nudismo dentro de ciertos límites. Un hombre decidió caminar cerca de tres escuelas de la ciudad, una de las cuales era primaria. Era interesante ver a una de las autoridades locales citadas en un reportaje.

> Pero la concejala Carol Voisin dijo que no creía que el deseo de los padres de proteger a sus hijos de ver adultos desnudos se deba imponer a la libertad de expresión. ¿Dónde acabará?[3]

¡Y por supuesto que nos hacemos esa misma pregunta! ¡Dónde acabará! Si no hay absolutos, entonces todo es relativo, al final todo está permitido.

Los absolutos de Dios nos dicen que hay reglas (y todos debemos seguirlas). El cristianismo no puede coexistir con una comunidad mundial basada en el relativismo moral. O el uno o el otro va a ceder. Hay dos cosmovisiones con dos sistemas de creencias totalmente diferentes que chocan en nuestra sociedad. La verdadera batalla librada, es una gran guerra espiritual: La Palabra de Dios contra el autónomo razonamiento humano, absolutos cristianos (fundamentados en la Biblia) contra relativismo moral (el hombre estableciendo sus propias

---

3. Vickie Aldous, "Nudity Issue Sparks More City Council Debate," *Ashland Daily Tidings*, http://www.dailytidings.com/apps/pbcs.dll/article?AID=/20091118/NEWS02/911180316.

reglas). Tristemente, hoy en día muchos cristianos pierden la guerra porque fallan al reconocer la verdadera naturaleza de la batalla.

Mi contienda es que este conflicto espiritual está arraigado al problema de la autoridad — la Palabra de Dios o la palabra del hombre. Y en esta era de la historia, el asunto de los orígenes (creación/evolución/millones de años) está estrechamente relacionado con desacreditar la Palabra de Dios a generaciones de personas. Aunque pueda sonar extraño o nuevo para algunos lectores, bíblica y lógicamente todo el tema de los orígenes y su efecto en la autoridad de la Biblia sobre la cultura es central en esta batalla por las almas en nuestra cultura hoy.

La mayor parte de la gente tiene una idea incorrecta sobre lo que implica el asunto de la creación/evolución/edad de la tierra. En vez de percibir el problema real, han sido llevados a creer el engaño que la evolución/millones de años es ciencia y el relato bíblico del origen es pura religión. Pero esto no es así (ver capítulo 2 para más debate).

La palabra *ciencia* significa básicamente conocimiento, y existe una gran diferencia entre el conocimiento obtenido por observación (por ejemplo el que ayuda a construir nuestra tecnología) y el conocimiento respecto al pasado y cómo fueron originados[4] el universo y la vida. El asunto del origen corresponde a ese segundo tipo de conocimiento, sistemas de creencias sobre el pasado. No tenemos acceso al pasado. Solo tenemos el presente. Todos los fósiles, todos los animales y plantas vivos, nuestro planeta, el universo — todo existe en el presente. No podemos examinar el pasado directamente con el método científico (que implica repetir los hechos y observarlos ocurrir de nuevo) ya que toda la evidencia que tenemos es en el presente.

Es importante comprender que una creación especial, por definición, es también una creencia sobre el pasado. La diferencia es que los creacionistas basan su entendimiento en un libro que afirma ser la *Palabra de Uno que estuvo allí*, que sabe todo lo que hay que saber sobre todo, y nos cuenta lo que pasó. La evolución/millones de años proviene de hombres *que no estuvieron allí* y no que son omniscientes. Todo este asunto gira en torno a si creer las palabras de un Dios

---

4. Para más información sobre ciencia observacional y ciencia histórica, ver Roger Patterson, *Evolution Exposed* (Hebron, KY: Answers in Genesis, 2006), p. 24–26, http://www.answersingenesis.org/articles/ee/what-is-science.

que estuvo allí o las palabras de humanos falibles (no importa cuán calificados sean) que no estuvieron allí.

Es impresionante como en esta llamada era científica solo algunas personas saben lo que es la ciencia en realidad, o cómo trabaja. Muchos, cuando piensan en este tema de los orígenes, piensan en los científicos como personas imparciales con sus batas de laboratorio buscando de forma objetiva la verdad. Sin embargo, los científicos vienen tan solo en dos tipos básicos: hombres y mujeres, que son iguales a ti y a mí. Tienen sus creencias y supuestos. Un supuesto determina lo que se hará con la evidencia, especialmente al elegir qué evidencia es más relevante o importante que el resto. Los científicos no son objetivos buscadores de la verdad, no son *neutrales*.

Muchas personas malentienden esto de los supuestos; piensan que algunos individuos tienen supuestos y otros no. Considere un ateo, por ejemplo. Esa persona cree que no hay Dios. Podría un ateo concebir la pregunta: ¿Creó Dios? La respuesta es no. El momento en que permitan esta pregunta, dejarían de ser ateos. Así que para un ateo que mira los fósiles y el mundo a su alrededor, no importa la evidencia que encuentre. No puede involucrarse con eventos bíblicos como el diluvio de Noé. Aun si encontraran un gran barco en la cima del Monte Ararat, él nunca podría aceptar evidencia que respalde lo que la Biblia afirma respecto al arca de Noé. En cuanto lo hiciera, abandonaría el marco de su religión atea. Un ateo es cien por ciento parcial. Esto se debe tener en mente cuando se lee un texto o se ve un programa de televisión producido por un ateo.

Ahora, por favor, no me mal entienda. Tanto evolucionistas como creacionistas pueden hacer gran ciencia, en relación a la ciencia observacional. Es por eso que un ateo evolucionista y un creacionista bíblico pueden ser parte de un equipo para construir una lanzadera espacial; y estarán de acuerdo al construir esta tecnología. Pero estarán en desacuerdo cuando discuten sobre el origen de marte o del universo, por sus supuestos. Ambos están de acuerdo cuando se trata de ciencia observacional pero están en desacuerdo cuando se trata de ciencia histórica, sobre el origen.

He visto muchos ejemplos de supuestos y prejuicios en muchas formas. Estaba en un programa de radio en Denver, Colorado, y el locutor dijo que yo tenía siete minutos para dar evidencia de la creación. Él solo se sentaría a escuchar. Entonces di detalles sobre lo que la Biblia dice del diluvio de Noé, la Torre de Babel y otros temas relacionados. Expliqué cómo evidencias de varias culturas y el registro fósil respaldan lo que dice la Biblia. Exploré también otros aspectos de la creación para demostrar la veracidad de la Biblia. Al finalizar los siete minutos, el locutor hizo el siguiente comentario: "Bueno, no escuché ninguna evidencia de la creación ¡Tanto para eso!" Por supuesto lo que quería decir era que no estaba listo para aceptar la evidencia que le di porque quería mantenerse en sus supuestos — el agnosticismo.

Un agnóstico es cien por ciento parcial. El cree que no puede estar seguro de nada, no importa cuánta evidencia escuche, él aún dice "No sé nada". El momento en que conozca algo, dejará de ser agnóstico. Desde una perspectiva bíblica, Romanos 1 nos enseña que la evidencia de la creación nos rodea; por lo tanto, cualquiera que no crea en el Creador y Salvador ya ha sido condenado. Es importante también conocer que uno no necesita ver al Creador para darse cuenta de una creación especial. Solo porque no se puede ver al arquitecto y constructor que diseñó y edificó una casa, no significa que no hubo un diseñador inteligente detrás.

¿Pero qué de un *revelacionista*? — esto es, una persona que cree que el Dios de la historia reveló la verdad de Sí mismo por medio de un libro (un libro que afirma 3000 veces ser la Palabra de Dios). ¿Podría una persona así considerar una pregunta opuesta? ¿Dios no creó? ¡No! Porque comienza con la premisa que Dios es el Creador y Su palabra es verdad.

Ateos, agnósticos y *revelacionistas* (y teístas) sostienen posiciones religiosas; y cualquier cosa que hagan con la evidencia estará determinada por los supuestos (creencias) de su posición religiosa. *No es cuestión de si tienes supuestos o no. En realidad es sobre qué supuesto es el mejor para ser predispuesto*. Es por eso que en el Museo de la Creación uno de los primeros ambientes se llama Puntos de Arranque. Una serie de cuadros enseña a la gente que todos tenemos puntos sobre los cuales construimos nuestra cosmovisión y últimamente solo han quedado dos puntos de arranque. O partes con la palabra de uno que siempre estuvo allí, conoce todo y nos enseña la verdad del pasado para que podamos comprender correctamente el presente; o partes con ideas de hombres falibles que no siempre estuvieron allí y no conocen todo.

Claros ejemplos de estas suposiciones se pueden ver en la educación pública como respuesta al ministerio de la creación. La siguiente conversación, típica de estudiantes en el sistema de escuelas públicas, demuestra que todo se trata de supuestos. Después de una presentación sobre la creación, un estudiante comentó: "No hay forma que el arca de Noé sea cierto; no podrían entrar todos los animales a bordo." Entonces le pregunté al estudiante: "¿Cuántos animales tendrían que subir a bordo?" El estudiante dio la respuesta habitual: "No sé, pero seguro no pudo pasar". Entonces le pregunté: "¿Cuán grande era el arca?" De nuevo respondió: "No lo sé, pero no podrían haber entrado todos los animales a bordo". En otras palabras, aquí había un estudiante que no sabía cuán grande era el arca de Noé, o cuantos animales Dios tenía que meter, pero él ya había tomado la decisión que todo era un cuento de hadas y no podría haber pasado.

En un pueblo, un entusiasta seguidor de nuestro ministerio de la creación me contó que había hablado con algunos colegas académicos de la universidad local sobre el diluvio de Noé. Por supuesto, ellos se burlaron de aquella idea. Él entonces les mencionó que un día alguien podría encontrar el arca en el Monte Ararat[5]. Uno de los colegas lo miró y dijo que si encontraran un gran barco como el arca de Noé en la cumbre del Monte Ararat y lo remolcaran por la calle principal de la ciudad, aún se resistiría a creer. Estaba demostrando sus supuestos.

Hubo muchas oportunidades en las que di presentaciones muy lógicas y convincentes a estudiantes. Muchos miraban a sus profesores intentando encontrar algún punto que demostrara mi equivocación. Es fácil leer las expresiones en sus rostros. Esas expresiones parecen decir que todo suena convincente, pero tiene que existir algún error porque no quieren creer que la Biblia es verdad. Entonces quizá el profesor me haga una pregunta, que para los estudiantes, señale mi error. Para ellos, no había forma que yo respondiera la pregunta. A menudo los estudiantes rompían espontáneamente en aplausos (su manera de alegrarse de lo que pensaban ser mi perdición). No

5. Para más información sobre el arca de Noé y el diluvio, ver Ken Ham y Tim Lovett, "Was There Really a Noah's Ark and Flood?" en *The New Answers Book 1*, Ken Ham, editor (Green Forest, AR: Master Books, 2006).

obstante, era interesante ver sus caras y sus sonrisas desaparecer cuando era capaz de dar una respuesta razonable a la pregunta, y ahí quedaban de nuevo donde habían comenzado. Es obvio que muchos de ellos ya estaban convencidos y habían decidido no creer en la Biblia.

Muchas veces me preguntan cómo cambia la gente sus suposiciones y prejuicios. Es una buena pregunta. Como cristiano, la única respuesta que puedo dar es decir que el Espíritu Santo es el que tiene que impactar esta área. La Biblia enseña que caminamos en la luz o en la oscuridad (Hechos 26:18), recogemos o esparcimos, estamos *con* Cristo o *contra* Él (Mateo 12:30). La Biblia dice claramente que nadie es neutral y que cada uno tiene un supuesto. Todos estamos muertos en nuestras transgresiones y pecado. Nuestra naturaleza es estar contra Dios. Y ya que es el Espíritu Santo quien convence al mundo de pecado (Juan 16:8) y convence a la gente de la verdad a través de la proclamación de Su Palabra, entonces es solo a través de la obra del Espíritu Santo y la Palabra de Dios que nuestros supuestos y prejuicios pueden cambiar. Como cristianos es nuestro deber presentar la Palabra de Dios (que es más cortante que una espada de doble filo) a las personas de una manera clara y agradable, además de orar para que el Espíritu use lo que decimos (mientras honramos Su Palabra y damos razones para defender nuestra fe) y corazones y mentes se abran a Cristo. Yo creo que los cristianos entienden mejor que otros los supuestos. Todos los cristianos fueron alguna vez perdidos y predispuestos contra Dios. Vieron como Jesucristo puede cambiar sus prejuicios mientras Él transforma sus vidas a través de Su Espíritu.

Una de las razones por las que los creacionistas tienen tanta dificultad al hablar con algunos evolucionistas es por la manera en que el supuesto afecta la forma en que ellos escuchan lo que se les dice. Algunos evolucionistas ya se han hecho ideas de lo que los creacionistas creen y no creen. Tienen prejuicios sobre lo que quieren entender en lo que se refiere a nuestra cualificación científica y esas cosas.

Hay muchos ejemplos de evolucionistas que malentienden o malinterpretan lo que dicen los creacionistas. Nos oyen a través de su evolución/millones de años sin comprender la perspectiva de dónde partimos. Como creacionistas bíblicos, entendemos que Dios creó un mundo perfecto, el hombre cayó en pecado, el mundo fue maldito, Dios envió el diluvio de Noé como juicio y Jescristo vino a morir y resucitó de ente los muertos. Caída y redención. En el museo de la creación lo sintetizamos en las siete "C's" de la historia: Creación, Corrupción, Catástrofe, Confusión, Cristo, Cruz y Consumacio.[6] No obstante, como los evolucionistas suelen pensar en términos uniformitarianistas (por ejemplo, piensan que el mundo fue por millones de años igual a como lo vemos hoy, con muerte y dolor), no pueden comprender la perspectiva creacionista de la historia.

Un ejemplo interesante surgió durante el debate entre el Dr. Gary Parker y un profesor de La Trobe University en Victoria, Australia. Una de las refutaciones al creacionismo usada por evolucionistas era que había muchas imperfecciones en el mundo como para que sea diseñada por un creador. Este evolucionista nunca entendería aunque se le explicara claramente que el mundo que vemos hoy no es el mismo que Dios creó por los efectos de la caída y el diluvio. Para entender bien el problema creación/evolución/millones de años, uno debe comprender completamente las creencias implicadas ya sea por los creacionistas bíblicos o los evolucionistas seculares.

Otro ejemplo es el de un biólogo evolucionista; dijo que si Dios hubiera hecho todos los animales en el quinto día de la creación, ¿por qué no encontramos pericos o ratones en el estrato cámbrico junto a los trilobites? El Dr. Parker explicó que los pericos y ratones no vivían en el mismo ecosistema que los trilobites. También explicó que el registro fósil debía ser visto en términos de clasificación según un diluvio global.[7] Porque los animales viven en diferentes ambientes, deberían ser atrapados en sedimentos propios de su ecosistema en particular. Otra vez vemos como los supuestos causan mal entendidos que tantos tienen sobre la posición creacionista.

El lector debe estar consciente de que, cuando se discute sobre creación/evolución/edad de la tierra, estamos hablando sobre creencias

---

6. Para una descripción detallada de las siete C's de la historia, ver Stacia McKeever, "What is a Biblical Worldview?" en *The New Answers Book 2*, Ken Ham, editor (Green Forest, AR: Master Books, 2008), http://www.answersingenesis.org/articles/nab2/what-is-a-biblical-worldview.
7. Para más información de los fósiles y el registro fósil, ver Andrew Snelling, "Doesn't the Order of Fossils in the Rock Record Favor Long Ages?" en *The New Answers Book 2*, Ken Ham, editor (Green Forest, AR: Master Books, 2008), http://www.answersingenesis.org/articles/nab2/do-rock-record-fossils-favor-long-ages.

de dos diferentes religiones, religiones con dos puntos de partida diferentes: la palabra de Dios o la de los hombres. La controversia no es religión contra ciencia como los evolucionistas nos quieren hacer creer. Es la ciencia de una religión contra la ciencia de otra: la Palabra de Dios contra la de los hombres. O como discutiremos más adelante, la versión de la ciencia histórica según Dios o los hombres.

Ahora, es verdad que tanto creacionistas como evolucionistas usan ciencia observacional para defender sus creencias. Por ejemplo, los evolucionistas usan la selección natural como supuesta evidencia del proceso darwiniano. Y aunque los creacionistas están de acuerdo que la selección natural ocurre, esta no puede transformar un género en otro totalmente diferente. Solo opera con información genética ya presente en cada uno. Aunque observamos diferentes especies en cada género, esto solo confirma que los animales están agrupados (en géneros), equivalente a la *familia* en la clasificación.

La idea molécula-a-hombre es una posición que hace la opinión del hombre suprema.[8] Como esperamos ver, los frutos (por rechazar a Dios el Creador y Legislador) son el crimen, desorden, inmoralidad, matrimonios gay, abortos, racismo y la burla de Dios. Para ser claros, las ideas evolutivas en sí mismas no son la causa de todo esto; note el uso de la palabra *frutos*. Pero mientras la gente más crea en la evolución y los millones de años, y mientras más rechacen la Biblia como verdad absoluta, más harán lo que es correcto según ellos mismos. En otras palabras, el relativismo moral se infiltra en sus pensamientos.

Creer en la creación (la versión registrada en Génesis) es una posición religiosa basada en la Palabra de Dios, y sus frutos (por medio del Espíritu de Dios) son amor, gozo, paz, paciencia, benignidad, bondad, fe, mansedumbre y templanza (Gálatas 5:22–23). En otras palabras cuando uno basa sus pensamientos en la Biblia, entonces hay absolutos morales porque la Biblia es la Palabra de Dios, la autoridad absoluta, que define las reglas y determina lo bueno y lo malo. El problema de creación/evolución/edad de la tierra y sus efectos en

8. Evolución Molécula-a-Hombre es como yo llamo a la idea evolutiva de un género biológico transformándose en otro, así como un género de dinosaurio transformándose en uno de pájaro. Evolución Molécula-a-hombre es diferente de la variación entre una misma familia. Por ejemplo, toda la variedad de especies que vemos pertenecen a una familia canina.

la actitud de las personas con respecto a la autoridad bíblica (por ejemplo: ¿Es la Palabra de Dios la autoridad absoluta?) es el centro de los problemas de nuestra sociedad actual. Es el asunto fundamental al cual los cristianos se deben aferrar. Debemos comprender los tiempos en que vivimos y que la batalla principal es entre la Palabra de Dios y la del hombre. El problema de los orígenes se convirtió en nuestros días, en la forma en la que se manifestó el ataque contra los fundamentos de la autoridad de la Biblia.

Capítulo 2

EVOLUCIÓN Y RELIGIÓN

EL TÉRMINO EVOLUCIONISTA es usado bastante en los capítulos que siguen. En otras partes de este libro, discutiremos las ideas de cristianos que intentan juntar los conceptos de evolución (biológica, cósmica o geológica) con la Biblia. Sin embargo, como la mayoría de los evolucionistas no son cristianos, utilizaré este término para designar aquellos que creen que la evolución Molécula-a-Hombre (evolución biológica) — en el sentido de tiempo, azar y lucha por sobrevivir (naturalismo) — es la responsable.

El término *Evolución* también será usado mucho en este libro. Cuando la mayoría de la gente oye esta palabra, por lo general piensan en evolución biológica (molécula-a-hombre). No obstante, la palabra *evolución* también puede significar evolución cósmica (es decir, el Big Bang como origen del universo) o evolución geológica (es decir, los millones de años que dicen tomó a los estratos sedimentarse y formar fósiles). Cuando la palabra *evolución* es usada en este libro, en la mayor parte de los casos significará evolución biológica (aunque esta evolución asume también las otras mencionadas).

El tema en la edición de otoño de 1985 (vol. 2, no. 5) de la revista *The Southern Skeptic* (revista oficial de *Australian Skeptics* en el sur de

Australia, con objetivos parecidos a los grupos humanistas americanos) dedicó sus 30 páginas para atacar el ministerio de apologética creacionista en Australia y Estados Unidos. En la última página se leía lo siguiente: "Aun si toda la evidencia terminara respaldando cualquier teoría científica que concuerde con Génesis, solo demostraría cuán hábiles eran los antiguos hebreos con el sentido común, o suertudos. No tiene que ser explicado por un Dios invisible."

Más recientemente, durante un debate entre Richard Dawkins y el Cardenal George Pell, el moderador le preguntó a Dawkins qué clase de prueba le haría cambiar su mente con respecto a la existencia de Dios; a lo que respondió que incluso si un "Jesús gigantesco de más de 250 metros . . . entrara y dijera: 'Yo existo. Aquí estoy' ", aun así no cambiaría su forma de pensar.[1]

Estas personas que alevosamente atacan el misterio de la creación bíblica con la base que solo somos un grupo religioso, son también religiosas. Ya dijeron que aun si toda la evidencia respaldara el Libro de Génesis, ellos no lo tomarían como un documento con autoridad. Están trabajando con toda la premisa (punto de arranque) que la Biblia no es la Palabra de Dios, ni podría serlo. Ellos creen, no importa la evidencia, que no hay Dios. Entonces cualquier evidencia que consideren en relación al pasado sobre los orígenes, siempre la interpretarán a partir de la premisa que la versión bíblica sobre los orígenes no es siquiera relevante. Estas mismas personas afirman que la evolución es un hecho.

En el primer capítulo escribí que no hay un terreno neutral cuando se trata de nuestras creencias y puntos de partida. Considere por ejemplo esta noticia reciente. En enero de 2012, una mujer que practica brujería desafió la distribución de Biblias por parte de los Gedeones Internacional en la escuela pública de su hijo. Ella afirmó que "las escuelas no deberían repartir material de una religión y no de otras".[2] Al final exigía que se repartieran libros de hechicería pagana o se quitaran las Biblias de la escuela. Ella no quería que una religión que parte de la Palabra de Dios se impusiera sobre una que

1. Richard Dawkins y George Pell, entrevista pory Tony Jones, *Q&A: Adventures in Democracy*, ABC1 (Australia), April 9, 2012, http://www.abc.net.au/tv/qanda/txt/s3469101.htm.
2. Jonathan Serrie, "Pagan Mom Challenges Bible Giveaway at North Carolina School," Fox News, http://www.foxnews.com/us/2012/01/18/pagan-mom-challenges-bibles-in-north-carolina-school/.

no lo hace. Pero hay un problema mayor en esta historia. Ya hay una religión siendo promovida y enseñada en nuestras escuelas públicas: la religión de la evolución.

Necesitamos comprender que hay un aspecto de creencia (religiosa) en la evolución. También tenemos que entender que hay un aspecto de ciencia observacional sobre el cual los evolucionistas discuten con respecto a este tema.

Permítame explicarme. La raíz del significado de la palabra *ciencia* es básicamente conocimiento:

> Estado y condición de conocer, conocimiento a diferencia de la ignorancia o incomprensión.[3]

No obstante, la mayor parte de la gente no entiende que existen dos tipos de ciencia (conocimientos) implicados cuando se discute el asunto de los orígenes – ciencia histórica (la perspectiva sobre el pasado) y ciencia observacional (conocimiento ganado por observación directa, esta ciencia es la que permitió el progreso tecnológico). Cristianos e incrédulos, creacionistas y evolucionistas, todos tienen la misma ciencia observacional (conocida como empirismo basada en pruebas repetibles), pero tienen diferente ciencia histórica (creencias diferentes sobre el pasado – sobre nuestro origen).

Lo que suele suceder en nuestra cultura es que los evolucionistas mezclan ciencia histórica con ciencia observacional y la llaman *ciencia*. Uno debe aprender a separar estas para entender cuál es una creencia (interpretación) y cuál es una observación. Por ejemplo:

1. Cuando un científico clasifica rocas ígneas, metamórficas o sedimentarias, es ciencia observacional. Pero si después

3. *Merriam-Webster's Collegiate Dictionary*, 11th ed., s.v. "Science."

afirma que la roca tiene millones de años, entonces es ciencia histórica.

2. La especiación observada como resultado de selección natural es un ejemplo de ciencia observacional. Pero los científicos que insisten en que esto es evidencia de la evolución entraron en terreno de ciencia histórica — su creencia que esto es un mecanismo de evolución.
3. Observar en un laboratorio a un elemento transformarse como resultado de un decaimiento radioactivo, entraría bajo lo que es ciencia observacional. Pero utilizar supuestos no verificados y extrapolarlos atrás en el tiempo y usar el decaimiento radioactivo para intentar determinar la edad de las rocas, es ciencia histórica.

Es importante entender que existen grandes científicos y muy respetados que creen en la evolución. Pueden ser científicos que ayuden a construir alguna cápsula espacial, o poner un *rover* en Marte. Podemos aplaudir su ciencia observacional y la tecnología resultante — podemos hasta honrar sus logros científicos. Pero si los mismos científicos empiezan a hacer afirmaciones sobre millones de años con respecto a las rocas en marte, entraron en el área de la ciencia histórica.

No obstante, la creencia en la evolución atea (la ciencia histórica) está basada en una filosofía religiosa — una filosofía que declara que todo este proceso pasó de forma natural y el relato bíblico sobre los orígenes no es válido.

Los creacionistas bíblicos llevan una ventaja explicando que ambos, creacionistas y evolucionistas tienen aspectos de ciencia observacional (de hecho, la misma ciencia observacional), pero tienen dos visiones completamente diferentes de ciencia histórica (diferentes creencias — religiones — sobre los orígenes).

Esa diferencia de perspectivas religiosas de la vida determina cómo construye la gente su cosmovisión a través de la cual ven el universo y determina sus acciones. El debate sobre los orígenes, por lo tanto, no es ciencia contra religión, sino religión (creencia o punto de arranque) contra otra religión (creencia o punto de partida). La ciencia observacional puede ser usada para confirmar o refutar algún punto de arranque. Los científicos creacionistas mantienen que la ciencia observacional confirma de forma contundente el relato histórico de la creación, el diluvio y la Torre de Babel en la Biblia — no confirma la evolución.

El famoso evolucionista Theodosius Dobzhhansky cita a Pierre Teilhard de Chardin: "La evolución es una luz que ilumina todos los hechos, una trayectoria que todas las líneas deben seguir".[4] Esto es una clara negación directa a las palabras de Jesús registradas en Juan 8:12: "Yo soy la luz del mundo; el que me sigue, no andará en tinieblas, sino que tendrá la luz de la vida." En Isaías 2:5 se nos dice que ". . . caminaremos a la luz de Jehová." En el versículo 22 del mismo capítulo leemos, "Dejaos del hombre, cuyo aliento está en su nariz. . . ".

No se requiere mucho esfuerzo para demostrar lo que la ciencia observacional involucra, claro está, la observación con uno o más de nuestros cinco sentidos (gusto, vista, olfato, oído, tacto) para construir nuestro conocimiento sobre el mundo y poder repetir las observaciones. Es evidente que uno solo puede observar lo que existe en el presente. Es sencillo comprender que ningún científico estuvo presente durante los millones de años sugeridos para presenciar el desarrollo de la vida como lo propone la evolución desde lo simple a lo complejo. No hubo ningún científico para observar la prima forma de vida formándose en algún mar primitivo. Tampoco hubo alguien para observar el Big Bang, según ellos, hace 15 miles de millones de años, ni la presunta formación de la tierra hace 4.57 miles de millones de años — ¡ni siquiera 10,000 años atrás! Ningún científico estuvo allí, ningún testigo humano estuvo para ver lo que pasaba. Y claro que no puede ser repetido.

Por supuesto que también se puede decir lo mismo del relato de la Biblia sobre los orígenes. Ningún ser humano estuvo presente para presenciar la creación, el diluvio, etc., sin embargo, la diferencia es que el Dios Creador de la Biblia, que estuvo allí (y siempre existió), escribió los eventos en la historia que necesitamos saber para comprender el mundo actual.

Toda la evidencia que tiene un científico *solo* existe en el presente. Todos los fósiles, los animales y plantas vivos, el mundo, el universo

4. Theodosius Dobzhansky, "Nothing in Biology Makes Sense Except in the Light of Evolution," *The American Biology Teacher* (March 1973): p. 129.

¡LOS FÓSILES EXISTEN EN EL PRESENTE!

— de hecho todo — existe *ahora* en el presente. A la persona promedio (incluyendo la mayoría de los estudiantes) *no* se les enseña que los científicos solo tienen el presente y no pueden tratar de forma directa con el pasado. La evolución es un sistema de creencias sobre el pasado basada en las palabras de hombres que no estuvieron allí pero intentan explicar cómo fue originada toda la evidencia del presente.

Webster's Dictionary define la *religión* de la siguiente manera: "Una causa, principio o sistema de creencias asumidas con ardor y fe".[5] Esto es una descripción de la evolución biológica, cósmica y geológica. La evolución es un sistema de creencias — ¡Es una religión!

Sólo se necesita sentido común para entender que uno no excava una "era de dinosaurios" de 65 a 200 millones de años atrás, según dicen. Uno excava dinosaurios muertos cuyos huesos fosilizados existen *ahora*, *no* millones de años atrás. Estos fósiles no vienen con etiquetas indicando la edad que tienen. Tampoco tienen fotografías mostrando cómo era el animal al que pertenecían mientras vagaban por el mundo hace mucho tiempo.

Cuando las personas visitan un museo, por lo general ven pedazos de hueso y otros fósiles arreglados con cuidado en una caja de vidrio. Muchas veces estos vienen acompañados de imágenes mostrando la *idea del artista* sobre cómo *podría ser* el animal o planta en su supuesto ecosistema. Recuerda, uno no excavó la imagen, solo los fósiles. Y estos fósiles existen en el presente. Por ejemplo, en Tasmania, hay una planicie de arenisca con millones de huesos, muchos no son más grandes que tu pulgar. Los evolucionistas pusieron una imagen en una de las excavaciones para que los turistas puedan ver cómo vivían los animales y plantas hace "millones de años." Puedes mirar los huesos el

5. *Merriam-Webster's Collegiate Dictionary*, 11th ed., s.v. "Religion."

tiempo que quieras, pero nunca verás la imagen que ellos dibujaron. La imagen es la historia de sus propias suposiciones y eso es lo que finalmente siempre será.

Recuérdalo la próxima vez que visites un museo de historia natural (como el Smithsoniano en Washington, DC). La evidencia generalmente está en la vitrina, pero la historia evolutiva sobre lo que suponen pasó en el pasado — según humanos que no estuvieron allí — está sobre la caja de vidrio.

Cuando doy conferencias en escuelas y universidades, algunas veces me gusta preguntar a los estudiantes qué se puede aprender de los depósitos fósiles. Les pregunto si todos los animales y plantas fosilizados vivieron juntos, murieron juntos o fueron enterrados juntos. Luego les advierto que la respuesta que me den tiene que ser consecuente con verdaderas investigaciones científicas. A medida que lo piensan, se dan cuenta de que no pueden decir que los organismos habitaban juntos porque nunca lo vieron pasar. No sabrían si murieron juntos porque tampoco lo vieron pasar. Todo lo que en verdad sabían era que fueron enterrados juntos (ciencia observacional) porque fueron encontrados juntos. Por tanto, si intentas reconstruir el ecosistema en el que vivían esos organismos (ciencia histórica), con tan solo lo que encontraste allí, entonces puedes estar cometiendo un terrible error. ¡La diferencia entre ciencia histórica y observacional necesita ser enseñada en el sistema de educación! Tristemente la mayor parte de las instituciones no lo hacen.

La única manera en la que alguien puede estar seguro de llegar a la conclusión correcta sobre cualquier tema, incluyendo los orígenes, depende de que conozca todo lo que hay por conocer. A no ser que conozca cada mínima evidencia posible, nunca podría estar completamente seguro de que sus conclusiones son correctas. Nunca sabrá si en el futuro se descubrirá alguna nueva evidencia y más aún, si esta podría cambiar sus conclusiones. Este es un gran problema para el ser humano — ¿Cómo podría alguien estar seguro sobre cualquier cosa? ¿Es motivo para formar un dilema o no? Es como ver el misterio de un asesinato en televisión. ¿Qué pasa? Es obvio. A la mitad el espectador ya sabe quién lo hizo — el mayordomo. Llegando al final, la conclusión se confirma. Tres minutos antes que termine, una nueva evidencia que tú no conocías es introducida y cambia tu conclusión por completo ¡No era el mayordomo después de todo!

Si alguna vez viste series como *NCIS, CSI* u otro programa parecido, seguro que te percataste que suelen incluir científicos forenses que intentan reconstruir un crimen ocurrido en el pasado con evidencia del presente. Las mismas limitaciones se deben aplicar a científicos que miran la vida y los fósiles procurando reconstruir el pasado. A los forenses les gusta encontrar algún testigo que les ayude a reconstruir el crimen. Los evolucionistas no tienen ningún testigo sobre el origen — ¡Pero los cristianos sí!

La Biblia nos dice que un Dios Padre y Su Hijo Cristo en quienes ". . . están escondidos todos los tesoros de la sabiduría y del conocimiento" (Colosenses 2:3). No hay forma que alguna mente humana sepa todo lo que hay que saber. Pero conocemos a alguien que sí lo sabe. Esto termina nuestro dilema. No hay duda que lo que Dios reveló en Su Palabra es verdadero y preciso. Él no es hombre para que mienta (Números 23:19) sobre *cualquier cosa*. A Su tiempo tendremos un conocimiento más completo. Él aumentará nuestro conocimiento, pero nunca cambiará lo que reveló en Su Palabra. Si queremos llegar a la conclusión correcta sobre nuestros orígenes, entonces el punto de partida correcto está en la Palabra (las Escrituras) del único testigo seguro (Dios).

Ningún ser humano, ningún científico, tiene toda la evidencia. Es por eso que los falibles científicos cambian sus ideas continuamente. Como científicos, continúan aprendiendo nuevas cosas y cambian sus conclusiones.

Los evolucionistas seculares reclaman ser verdaderos científicos porque están dispuestos a cambiar sus conclusiones cuando aparece nueva evidencia. Ellos dicen que los creacionistas bíblicos no pueden ser verdaderos científicos porque su perspectiva se basa en lo que la Biblia afirma, por lo tanto, no pueden cambiar sus conclusiones. No obstante, como lo mencioné anteriormente, tanto los evolucionistas como los creacionistas tienen ciencia histórica (creencia sobre lo que ocurrió en el pasado con respecto a los orígenes). Los creacionistas admiten que su ciencia histórica viene de la Biblia — y su relato no puede ser cambiado. ¡Pero los evolucionistas también tienen creencias fijas! Ellos afirman que la vida solo puede ser explicada por el naturalismo y que la versión bíblica de los orígenes no es verdad. ¡Ellos no están dispuestos a cambiar estas creencias!

Una y otra vez me encuentro con creacionistas que admiten el aspecto de creencia en su versión de los orígenes, ¡Pero los evolucionistas seculares se niegan a hacerlo! Todo es parte de su intento de lavar el cerebro de la sociedad catalogando falsamente la creación como religión y la evolución como ciencia. Como lo afirmé arriba, ambos tienen ciencia observacional e histórica.

Esta historia la contó una persona que volvió donde su docente en la universidad muchos años después de terminar sus estudios en economía. Él le preguntó si podía ver las preguntas de los exámenes que daban ahora. Se sorprendió al ver que eran esencialmente las mismas preguntas que le daban cuando era estudiante. El profesor entonces le dijo: "Aunque las preguntas son las mismas, ¡las respuestas son totalmente diferentes!"

Una vez debatí con un profesor de geología de una universidad americana en un programa de radio. Él dijo que la evolución era una verdadera ciencia porque los evolucionistas estaban dispuestos a cambiar sus teorías a medida que encuentran nueva información. Él dijo que la creación no era una ciencia porque los creacionistas basaban su perspectiva en la Biblia y por tanto, no está sujeto a cambios.

Entonces le dije, "La razón por la cual las ideas cambian es porque no lo sabemos todo, ¿verdad? No tenemos toda la evidencia."

"Sí, correcto," respondió.

"Pero nunca lo sabremos *todo*," repliqué.

Y él me respondió, "Es verdad."

Continué diciendo, "Siempre encontraremos nueva evidencia."

"Bien, es cierto," dijo él.

"Eso significa que nunca podremos estar *seguros* de *nada*." Le dije.

"Sí" me respondió.

"Eso significa que no podemos estar seguros de la evolución."

"¡Oh no! La evolución es un hecho," espetó.

Estaba atrapado en su propia lógica. Se le demostró cómo su perspectiva estaba determinada por sus supuestos o puntos de partida.

Los modelos construidos sobre algún punto de arranque están sujetos a cambios para creacionistas y evolucionistas. El problema es que la mayoría de los científicos seculares no se dan cuenta (o no lo quieren admitir), que es la creencia (la religión) en la evolución, la base de su interpretación o las historias usadas, en el intento de formular una explicación entre la evidencia presente y el pasado. Pero aunque los científicos seculares no se percaten o quieran admitir esto, otros pueden ver claramente que la evolución es una religión. Hace muchos años, recibí un e-mail de alguien que visitó el Museo de la Creación:

> Como empresario, he llegado a comprender un poco sobre el poder de la imagen corporativa. La evolución hizo un increíble trabajo catalogándose como ciencia. En realidad, la teoría de la evolución no es más que una religión humana bien empaquetada, como un producto barato cubierto en una envoltura lujosa y llamativa pero decepciona cuando lo abres y ves qué es en realidad. En contraste, el Museo de la Creación y los profesores y científicos que lo respaldan comparten verdades eternas e inmutables reveladas en la Palabra de Dios . . . los Creacionistas, muchos de los cuales son altamente educados, profesores y científicos experimentados con un reverente y salvador conocimiento de Dios, son quiénes podemos buscar para encontrar respuestas, porque por la gracia de Dios en sus vidas, saben dónde se originaron las respuestas. Tales respuestas nunca se encontraron en mañosas envolturas de teorías humanas sino en el Creador de la ciencia y la vida misma.

Esta persona entendió que la evidencia es interpretada diferentemente basada en los puntos de partida y que la evolución es en realidad un sistema de creencias de científicos seculares usada para interpretar evidencia. Ellos no están dispuestos a cambiar sus creencias actuales que toda la vida puede ser explicada por procesos naturales, y que ningún Dios está involucrado (o incluso necesitado). Evolución es en realidad la religión a la que son devotos. Los cristianos deben despertar. *La Evolución (ya sea geológica, biológica o cósmica) es una religión — ¡un intento de explicar el universo y la vida sin Dios!*

Capítulo 3

CREACIÓN Y RELIGIÓN

LA CREACIÓN BÍBLICA ESTÁ BASADA en el relato de Génesis sobre los orígenes, en la Palabra (la Biblia) de Uno que es testigo de los eventos pasados — que siempre estuvo allí (y de hecho no está sujeto al tiempo). Él movió hombres por medio de Su Espíritu para que escribieran Su palabra y así podamos tener una base adecuada al investigar y entender todo lo que necesitamos saber sobre la vida y el universo.[1] Necesitamos definir en detalle qué significa tener una perspectiva creacionista bíblica.

Esto básicamente consiste en una visión de la historia en tres partes — una creación perfecta, corrompida por el pecado, y la restauración por medio de Jesucristo. Esta versión está dividida en siete periodos, a los cuales llamamos las siete C's: Creación, Corrupción, Catástrofe, Confusión, Cristo, Cruz y Consumación. A continuación se presenta un resumen de los principios básicos:

1. Creación: En seis días Dios hizo los cielos, la tierra y todo lo que hay en ellos de la nada. Cada parte está diseñada

1. Para más información sobre el canon bíblico, ver Brian Edwards, "¿Por qué 66?" en *El Libro de las Respuestas 2*, ed. Ken Ham (Green Forest, AR: Master Books, 2015), https://answersingenesis.org/es/biblia/por-qué-66/.)

para trabajar con las otras en total harmonía. Dios creó los diferentes tipos de animales y plantas, e hizo un jardín especial (el jardín del Edén) en el que creó a los primeros seres humanos — Adán y Eva (Adán del polvo y Eva del costado de Adán — el primer matrimonio). Cuando Dios terminó Su trabajo en la creación, vio que "era bueno en gran manera." No había muerte de criaturas *nephesh* (*nephesh* es un término hebreo para referirse al principio de la vida, o el alma). Las personas y los animales eran todos vegetarianos.

2. Corrupción: Sin embargo ya no vivimos en el mundo que creó Dios al principio. Porque nuestros primeros padres (Adán y Eva) pusieron la opinión humana por sobre la Palabra de Dios (como lo seguimos haciendo), y la muerte y el dolor entraron al mundo, y Dios maldijo la creación. Charles Darwin llamó toda esta lucha y muerte selección natural, y ofreció su idea como sustituto al Creador. Los evolucionistas le añadieron luego cambios hereditarios accidentales (mutaciones) a su creencia. Pero ambos procesos

como selección natural y las mutaciones no crean; en cambio traen enfermedades, defectos y deterioran el mundo que Dios creó. Pablo describe este mundo caído en Romanos 8:22: "Porque sabemos que toda la creación gime a una, y a una está con dolores de parto hasta ahora. . .".

Porque todos pecamos en Adán (él era la cabeza de la raza humana, y heredamos su naturaleza), fuimos separados de Dios — y hubiera sido por la eternidad. Pero Dios tenía un plan para rescatarnos de lo que hizo nuestro pecado. En el Huerto del Edén Dios mató un animal y vistió a Adán y Eva (Génesis 3:21). Este fue el primer sacrificio de sangre y una representación de lo que vendría a hacer Jesucristo, el Cordero de Dios que quita el pecado del mundo. Dios prometió a este Salvador en Génesis 3:15: "Y pondré enemistad entre ti y la mujer, y entre tu simiente y la simiente suya; ésta te herirá en la cabeza, y tú le herirás en el calcañar."

3. Catástrofe: Después del pecado de la humanidad y su rebelión (la caída), el mundo se llenó con tanta violencia y corrupción que Dios lo destruyó con un diluvio global y dio un nuevo comienzo con Noé, su familia y los animales en el arca. Los fósiles — miles de millones de cosas muertas enterradas en sedimentos rocosos estratificados por agua sobre toda la tierra — nos recuerda el juicio de Dios sobre el pecado. Muchos de los fósiles hoy en día son el cementerio del diluvio ocurrido hace aproximadamente 4,300 años.[2] Sin embargo estos mismos fósiles son usados por los secularistas como supuesta evidencia de millones de años.

4. Confusión: En Génesis 11, vemos que después del diluvio, el hombre desobedeció el mandato de Dios de llenar toda la tierra. En vez de hacer eso, se congregaron en un lugar para construir una gran torre que llegara hasta el cielo, lo más probable para adorar al cielo en vez de adorar y obedecer al

2. Para más información sobre cómo el registro fósil confirma el relato bíblico sobre el diluvio, ver Andrew Snelling, "The World's a Graveyard: Flood Evidence Number Two," *Answers*, Abril-Junio 2008, pg. 76–79, http://www.answersingenesis.org/articles/am/v3/n2/world-in-revolt.

Dios que hizo los cielos.[3] Como resultado Él confundió su lengua; así que los diferentes grupos comenzaron a hablar lenguajes diferentes. Grupos familiares empezaron a separarse unos de otros, a establecerse por todo el planeta y desarrollar varios grupos de personas, dando como resultado la diversidad de culturas y naciones que vemos hoy en día.

5. Cristo y la Cruz: Nos encontramos con que el mundo se llenó de nuevo con violencia, corrupción y muerte porque el pecado humano pone la opinión del hombre sobre la Palabra de Dios. Él tenía un plan desde la eternidad prometido en el principio (Génesis 3:15) para salvar al hombre del pecado y su consecuencia, la eterna separación de Dios. El Hijo de Dios entró en la historia humana para convertirse en Jesucristo, el hombre-Dios. Totalmente hombre y totalmente Dios, Cristo vino a sanar y restaurar, y por Su muerte y resurrección, Él conquistó a la muerte. Nosotros también podemos volver a nacer en la vida eterna siendo nuevas criaturas en Cristo. Como nos dice Romanos 10:9, ". . . que si confesares con tu boca que Jesús es el Señor, y creyeres en tu corazón que Dios le levantó de los muertos, serás salvo."

6. Consumación: Así como Dios creó la tierra y la juzgó con el diluvio, nuestro mundo impío será destruido por fuego (2 Pedro 3:10). Pero para quienes creen en Jesús les espera la vida eterna en un cielo nuevo y una tierra nueva. No habrá más corrupción porque la maldición de Dios será removida. Pero los que rechacen el regalo de Dios de la salvación, la Biblia nos dice que sufrirán una segunda muerte — la separación eterna de Dios (Apocalipsis 20:14).

La Biblia nos dice que Dios lo conoce todo. Tiene todo el conocimiento. Esto quiere decir que la Biblia es la Palabra de alguien que lo conoce todo acerca del pasado, del presente y del futuro. La única manera segura de llegar a las conclusiones correctas sobre lo

3. Para más información sobre la rebelión en Babel, ver Mike Matthews, "The World in Revolt: Understanding the Rebellion at Babel," *Answers*, abril-junio 2008, p. 25–28, http://www.answersingenesis.org/articles/am/v3/n2/world-in-revolt.http://www.answersingenesis.org/articles/am/v3/n2/world-in-revolt.

que sea, es con la Palabra de Aquel que tiene absolutamente todo el conocimiento. *Nosotros los cristianos debemos construir sobre la Biblia todos nuestros pensamientos en cada área. Tenemos que comenzar con la Palabra de Dios, no con la palabra finita de hombres falibles. Debemos juzgar lo que la gente dice en base a lo que dice la Palabra de Dios — no al revés.*

En una conferencia, dije que tenemos que construir nuestros pensamientos sobre la palabra de Dios. Ese debe ser nuestro punto de partida. Un ministro, en tono irritado, hizo el comentario que esto significa que él debería poder encontrar en la Biblia cómo arreglar su auto. ¡El comentario estaba muy equivocado, la Biblia es principalmente un libro de Historia! No es un libro de ciencia observacional. Trata más que todo con la ciencia histórica.

Es obvio que no entendió que los principios que gobiernan nuestra mente en cada área, tienen que venir de las Escrituras. Estos principios son inmutables. La Biblia no tiene los detalles de cómo arreglar un auto. Por otra parte, la ciencia moderna, la cual permitió desarrollar el auto, surgió cuando la gente comenzó a basar su ciencia observacional en el fundamento bíblico (por ejemplo, las leyes de lógica, las leyes de la naturaleza, la uniformidad de la naturaleza). Por lo tanto, una máquina (como el auto) funciona de acuerdo a las leyes que hizo Dios.

Deberíamos ser capaces de investigar las leyes que hizo Dios y aplicarlas en diferentes áreas. Ningún evolucionista bien informado cuestionaría que la ciencia moderna surgió del fundamento bíblico. En otras palabras, lo que creemos y cómo pensamos depende de la base con que comenzamos. La Biblia nos da cada principio fundamental y los detalles necesarios para desarrollar un pensamiento correcto para cada área.

Desafortunadamente, demasiadas personas se basaron en la palabra de hombres falibles y juzgaron lo que la Biblia afirma. Por ejemplo, ¡algunos tomaron la creencia en los millones de años y reinterpretaron la clara Palabra de Dios en Génesis sobre la creación en seis días literales!

¡Qué posición más arrogante es esta! No podemos decirle a Dios lo que debería decir. Debemos estar dispuestos a someternos por completo a Su autoridad y escuchar lo que Él tiene que decirnos.

Si la Biblia no es la Palabra infalible de Uno que conoce todo, entonces nunca estaremos seguros de cuál es la conclusión correcta al asunto de los orígenes. Al final, nunca podremos estar seguros de qué trata este universo y toda la vida. Entonces, ¿qué es la verdad: mi palabra, tu palabra, la de alguien más? De hecho, ¿cómo determinamos lo que es la verdad y cómo la buscamos? En Juan 18:38 un hombre llamado Pilato preguntó "¿Que es la verdad?" En este pasaje le estaba hablando a aquel que dijo, "Yo soy el camino, la verdad y la vida; nadie viene al Padre, sino por mí" (Juan 14:6).

Recuerdo una conferencia en la que un joven afirmó, "No puedo creer en la Creación. Yo creo en el Big Bang. Somos productos del azar y la casualidad. No hay Dios ¿Qué respondes a eso?"

Repliqué: "Bueno, si tú eres producto de la casualidad, entonces tu mente es producto de la casualidad. Por lo tanto, el razonamiento que determina tu lógica es también producto de la casualidad. Si tu lógica es producto de la casualidad, no puedes estar seguro que evolucionó apropiadamente. Ni siquiera puedes estar seguro si hiciste la pregunta correcta, porque no puedes confiar en tu propia lógica."

Estaba estupefacto. Al finalizar se acercó y me preguntó por los mejores libros del tema y dijo que lo pensaría seriamente. Empezó a darse cuenta que sin un absoluto (Dios), en realidad no tenía nada; la vida no tenía sentido.

Como afirmé, la Biblia es principalmente un libro sobre ciencia histórica (historia — el pasado, incluye nuestros orígenes). Sin embargo, como lo discutimos al respecto de los que creen en la evolución, cuando tratan el asunto de los orígenes, los creacionistas usan ambas, ciencia histórica y observacional.

Podemos tomar lo que la Biblia dice sobre la historia y ver si la evidencia en el presente se acomoda. Si tomamos el libro de Génesis, que contiene un relato detallado sobre nuestros orígenes, podemos ver lo que dice con referente a cómo el mundo fue creado y lo que sucedió después. Podemos decidir creer en lo que la Biblia dice (esto es una cosmovisión, un modelo, construido en el relato de la creación). Luego observamos el mundo y comprobamos si lo que vemos confirma el relato de la Palabra de Dios (y lo hace, una y otra vez).

Por ejemplo, se nos dice que Dios creó a los seres vivos "según su tipo" (Génesis 6:20, 7:14). Podemos postular entonces que los animales y plantas pueden ser encontrados en grupos o tipos, y que uno no puede transformarse en otro totalmente diferente (como la evolución lo propone, es decir, evolución molécula-a-hombre).[4] De hecho, es exacto lo que encontramos (tanto en organismos vivos como fósiles) — los animales y plantas se clasifican en grupos o tipos. Los investigadores creacionistas creen que en la mayoría de los casos el "tipo" mencionado en la Biblia corresponde a la familia en el sistema de clasificación biológica actual. Puede haber diferentes géneros y especies en una familia, pero todos estos cambios ocurren dentro de este mismo tipo. Existen ciertos límites que no pueden ser cruzados. Los científicos creacionistas escribieron muchos artículos sobre la especiación y la selección natural (o adaptación) observada, pero no tiene nada que ver con la evolución molécula-a-hombre. Este ejemplo de ciencia observacional confirma el relato de la Biblia sobre distintos tipos creados, y es una evidencia en contra la evolución Darwiniana.[5]

Génesis nos cuenta que por la debilidad del hombre, Dios juzgó al mundo con un diluvio global. Si esto es cierto, ¿qué clase de evidencia deberíamos encontrar? Esperaríamos ver miles de millones de cosas muertas (fósiles) enterrados en estratos rocosos, arrastrados por agua y procesos catastróficos alrededor de casi todo el mundo. Esto es exactamente lo que observamos. La ciencia observacional confirma la ciencia histórica de la Biblia.

En Génesis 11, leemos sobre los sucesos en la Torre de Babel. Otra vez nos preguntamos: Si este evento en realidad sucedió, ¿qué evidencia esperaríamos ver? ¿Encaja la evidencia de las culturas en

4. Para más información sobre los *tipos* bíblicos, ver Georgia Purdom y Bodie Hodge, "Zonkeys, Ligers, and Wolphins, Oh My!" Respuestas en Génesis, http://www.answersingenesis.org/articles/aid/v3/n1/zonkeys-ligers-wolphins.
5. Para más sobre selección natural versus evolución, ver Roger Patterson, *Evolution Exposed* (Petersburg, KY: Answers in Genesis, 2006) pg. 57-62, http://answersingenesis.org/articles/ee/natural-selection-vs-evolution.

el mundo con todo esto? De nuevo, la respuesta es un abrumante sí. Todos los humanos pueden cruzarse y producir descendencia fértil; todos somos de la misma especie. El Proyecto Genoma Humano en el 2000 estableció que todos los humanos pertenecen a una sola raza:

> El Dr. Venter y científicos en los Institutos Nacionales de Salud anunciaron recientemente que armaron un borrador de la secuencia completa del genoma humano y los investigadores declararon de forma unánime que hay una sola raza — la raza humana.[6]

Los resultados del Proyecto Genoma Humano son un ejemplo de la ciencia observacional confirmando la historia bíblica. Después de todo, si todos descendemos de un hombre y una mujer, como la Biblia claramente afirma, entonces, ¡todos somos una sola raza biológica!

Tristemente, Darwin propuso la idea de diferentes razas evolucionadas en diferentes niveles, de las cuales, según lo llamó él, la "caucásica" era la superior.

Uno de los principales textos de biología usados en las escuelas públicas de América a comienzos del siglo XX, estaba basado en las ideas de Darwin. La edición de 1914, usada en 1925 durante el Juicio de Scopes, definía las razas bajo el encabezado "Razas Humanas":

> En el presente existen cinco razas humanas en la tierra . . . la mayor de todas, la Caucásica, representada por la civilización blanca de Europa y América.[7]

El término razas puede ser usado de varias maneras dependiendo de la manera en que se defina. En la época de Thomas Jefferson (uno de los padres fundadores y el tercer presidente de los Estados Unidos), el término razas se refería a la raza irlandesa, la raza inglesa, etc. En otras palabras se refería a algún grupo étnico en particular. Tristemente, por la influencia de las ideas falsas de Darwin sobre razas primitivas

---

6. Natalie Angier, "Do Races Differ? Not Really, Genes Show," *New York Times*, http://www.nytimes.com/2000/08/22/science/do-races-differ-not-really-genes-show.html?pagewanted=all&src=pm.
7. George William Hunter, *A Civic Biology Presented in Problems* (New York: American Book Company, 1914), p. 196.

y avanzadas (o razas bajas y altas), cuando hoy en día la gente utiliza la palabra raza, se suele interpretar en el sentido evolutivo (es decir, razas altas y bajas).

Yo creo que el adoctrinamiento intenso de la evolución en nuestro sistema educativo ha alimentado el racismo y perjudicó a ciertos grupos. En América, no hay duda que existe un racismo en cuestión a la piel "morena." Considera el problema del así llamado matrimonio interracial. Hace algunos años, una cadena de noticias importante reportó sobre una pareja a la que se le fue negada su licencia de matrimonio por el juez — ¡porque tenían tono de color diferente![8] Respuestas en Génesis siempre enseñó que solo existe una raza (la raza adánica). Biológicamente no existe tal cosa como matrimonios interraciales ya que solo existe una raza.

También las investigaciones científicas demostraron que los seres humanos tenemos el mismo color de piel. (La genética revela que todos los colores de piel son diferentes tonos de un color principal — un pigmento llamado melanina). Otra vez la ciencia observacional confirma la historia bíblica que todos los humanos estamos emparentados y descendemos de un hombre; todos somos una raza.

Por la influencia de la evolución, los cristianos deberían usar términos como *grupos de personas* respecto a los humanos, no el término evolutivo *razas*. Como afirma la Palabra de Dios: "Y de una sangre ha hecho todo el linaje de los hombres, para que habiten sobre toda la faz de la tierra; y les ha prefijado el orden de los tiempos, y los límites de su habitación" (Hechos 17:26).[9]

Si todos los humanos tuvieron el mismo antecesor, Noé (y Adán), entonces todas las culturas se desarrollaron desde el diluvio de Noé y la división de la Torre de Babel.

8. Samira Simone, "Governor Calls for Firing of Justice in Interracial Marriage Case," CNN, http://www.cnn.com/2009/US/10/16/louisiana.interracial.marriage/index.html.
9. Para más de la perspectiva bíblica sobre las razas, ver Ken Ham y Joe Owen, *Una Sola Raza, Una Sola Sangre: Una Respuesta Bíblica al Racismo* (Green Forest, AR: Master Books, 2015).

Es conocido que casi cada cultura en el mundo tiene historias o leyendas de donde, en cierto sentido, podríamos casi escribir el libro de Génesis. La mayor parte de las culturas tiene historias similares a las del diluvio de Noé. Muchas tienen también leyendas sobre la creación, que no son muy diferentes de las del Génesis en relación a la creación de la mujer, la muerte, y sobre el hombre original y los animales vegetarianos (Génesis 1:29–30). Tales relatos abundan en culturas alrededor del mundo. Esta es una evidencia poderosa que estas historias se pasan de generación en generación. La versión verdadera está en la Biblia, pero la similitud entre las culturas alrededor del mundo no es lo que esperaríamos desde un punto de vista de creencia evolutiva. Son consecuentes y confirman el relato bíblico de la creación, la caída y el diluvio. Cuando la gente fue dispersada en Babel, llevó consigo los relatos de la creación y el diluvio — pero al pasar el tiempo, cambiaron dichos relatos, resultando como elementos parecidos a la versión bíblica pero con todo tipo de adornos y ficción que no eran parte del relato original. El registro original, que no fue cambiado, está en la Biblia.

Recuerdo que se nos enseñó en la universidad que la razón por la cual los babilonios (y otros) tenían historias parecidas a las del Génesis es porque los judíos tomaron prestados mitos babilonios para incluirlos en sus escritos. No obstante, cuando investigamos estas historias de cerca, encontramos que las babilónicas son grotescas y muy poco creíbles en casi todo aspecto. Por ejemplo, las historias del diluvio como la epopeya de *Atrahasis* o la *Epopeya de Gilgamesh*, retratan peleas de dioses para controlar la sobrepoblación humana, resultando en un diluvio global — y una historia muy diversa sobre un arca cúbica que no hubiera flotado o sobrevivido un diluvio global.[10]

Cuando leemos el relato bíblico del diluvio, con certeza es el relato creíble porque es el original. Cuando uno lo piensa, las historias pasadas de generación en generación no son muy bien preservadas — especialmente si son transmitidas de manera oral — no es que mejoran con el tiempo. La verdad se pierde y las historias se degeneran de forma notoria. Los registros bíblicos son transmitidos de manera

10. Nozomi Osanai, "A Comparative Study of the Flood Accounts in the Gilgamesh Epic and Genesis," Respuestas en Génesis, http://www.answersingenesis.org/articles/csgeg.

escrita, cuidadosamente preservadas con la supervisión de Dios, y no fueron corrompidos. Las historias babilónicas, que solo reflejan el verdadero registro bíblico, son los que se corrompieron, por la fragilidad de las limitaciones humanas. La verdad del asunto, es que pasó lo opuesto a lo que el mundo secular (y cristianos liberales) enseñan sobre el tema.

Entonces, basándose en la Biblia y trabajando desde este fundamento, la evidencia observada en el presente debería confirmar lo que dice la Biblia. Y lo hace, confirmando nuestra fe en que la Biblia es en verdad la Palabra de Dios. (Al final de este libro hay una lista de libros que detallan evidencia científica consecuente con la Biblia).

Sin embargo, todo esto no *prueba* nada porque, en relación al pasado, nada puede ser probado. Ni la creación ni *tampoco* la evolución pueden ser probadas científicamente. Ambos involucran ciencia histórica (creencia/religión) y ciencia observacional.

Tanto la creación como la evolución con respecto al origen son sistemas de creencias que dan como resultado cosmovisiones diferentes y una interpretación totalmente diferente de la evidencia. Esto no significa que los creacionistas tendrán una respuesta correcta para cada hecho. Porque los creacionistas no tienen toda la información disponible, hay muchas cosas que quizá no puedan ser explicadas en términos específicos, no obstante, al final todos los hechos deberían entrar en el marco del registro bíblico.

En una de las iglesias donde hablé, un científico (de manera ruidosa) se paró en frente de todos y dijo a la congregación que no creyera lo que les dije. Él, como científico, podía demostrarles que lo que fue dicho sobre el diluvio de Noé y la creación está mal. En sus palabras, la ciencia demostró que la Biblia está mal.

Ya que él había afirmado públicamente que era cristiano, le pregunté si creía que había existido alguien en la historia llamado Noé. Él me dijo que sí lo creía. Le pregunté por qué. Me respondió porque lo leyó en la Biblia. Entonces le pregunté si creía en un diluvio global. Su respuesta fue no. Le pregunté por qué no creía en un diluvio global. Él dijo que era obvio a partir de lo que él llamaba ciencia, que no podría haber un diluvio global — la ciencia probó que la Biblia está equivocada. Le cuestioné, como podía confiar en la Biblia cuando habla acerca de Noé, y desconfiar cuando habla del diluvio de Noé. También mencioné que la evidencia que él estaba usando para negar el diluvio global, podría ser interpretada de otras maneras. ¡Estaba usando la ciencia histórica del hombre para afirmar que la ciencia histórica de la Biblia está equivocada!

Continué diciendo que no tenemos toda la evidencia y no sabemos si podemos creer todas las suposiciones falibles involucradas en muchas de las técnicas utilizadas para la datación de la tierra, entre otras cosas; por lo tanto, ¿no sería posible que la interpretación esté equivocada y la Biblia correcta después de todo? En otras palabras, yo estaba diciendo que la cosmovisión construida sobre la ciencia histórica de la Biblia permite interpretar la evidencia correctamente. ¡Estaba usando la ciencia histórica de hombres falibles de millones de años para afirmar que el relato histórico de la Biblia está equivocado!

El admitió que no sabía todo y era posible que existan suposiciones tras algunos de los métodos científicos de datación a los que él se refería. Esta información adicional podía cambiar sus conclusiones por completo. Él admitió esta posibilidad, pero entonces dijo que podía creer todo lo que decía la Biblia (por ejemplo, el diluvio de Noé) hasta que la ciencia lo pruebe. Es obvio que no entendió la diferencia entre ciencia observacional e histórica.

Yo acepté que la Biblia es la Palabra de Dios y por eso interpreto la evidencia a partir de esa base. Él aceptaba que la Biblia contenía la Palabra de Dios pero estaba sujeta a prueba de lo que él llamaba ciencia. Sin embargo, esta ciencia no es ciencia observacional. De hecho la ciencia observacional relacionada con la geología confirma la versión bíblica del diluvio porque es obvio que el entierro masivo de tantos fósiles en estratos sedimentarios (encontrados en diferentes continentes), tuvo que ser producto de una catástrofe, no procesos lentos de millones de años.

En el sistema de escuelas públicas, trato de asegurar que mis estudiantes tengan una comprensión correcta de la ciencia y puedan pensar lógicamente. Les enseño cómo tomar las afirmaciones hechas por los científicos y separar lo que es ciencia observacional e histórica. Eso les ayuda mucho a tener un mejor criterio para que comprendan mejor el asunto de los orígenes.

Sin embargo, cuando comencé a enseñar creación en las escuelas públicas, mi enfoque era diferente. Les mostraba a los estudiantes los problemas de la evolución y como la evidencia respalda el punto de vista creacionista. No obstante, cuando los estudiantes iban a la clase de un profesor evolucionista, este reinterpretaba la evidencia. Había estado usando lo que se llama enfoque *evidencialista* — intentar usar la evidencia para demostrar que la evidencia es falsa y la creación cierta. Estaba mezclando ciencia histórica y observacional sin explicárselo a los estudiantes.

Cambié mis métodos y enseñé a los estudiantes la verdadera naturaleza de la ciencia — lo que la ciencia puede y no puede hacer.

Miramos detalladamente las limitaciones que los científicos tienen hacia el pasado. Les enseñé cómo los científicos tienen presuposiciones (creencias en especial de lo que se refiere a la ciencia histórica) que usan para interpretar la evidencia. Compartí con ellos mi creencia en la Biblia con respecto a la creación, la caída, el diluvio de Noé y otros temas, y cómo uno construye su cosmovisión dentro de este marco.

Luego les demostré cómo a partir de la ciencia observacional, la evidencia confirmaba consistentemente el relato bíblico de los orígenes, no las creencias evolutivas del pasado.

Empecé a enseñar a partir de lo que se puede llamar un enfoque *presuposicional*.[11] La diferencia era asombrosa. Cuando los estudiantes iban a otras clases y los profesores intentaban reinterpretar la evidencia, los estudiantes eran

Al no creyente le es imposible sostenerse sobre su propia cosmovisión porque es irracional.

Por lo tanto el no creyente debe sostenerse sobre una cosmovisión cristiana para ser racional.

El no creyente se sostiene sobre principios cristianos: lógica uniformidad y moralidad. Pero niega que esos son principios cristianos.

11. Una *apologética presuposicional* es un método apologético que presupone que toda la Biblia es verdad. A partir de esa base intenta buscar cómo mostrar la irracionalidad de cualquier cosmovisión o sistema en competencia.

capaces de identificar las suposiciones detrás de lo que decían los profesores. Eran capaces de separar la ciencia histórica y la observacional. Los estudiantes reconocían que era el sistema de creencia del profesor lo que determinaba la forma en la que él o ella interpretaban la evidencia. También comprendieron que la cuestión de los orígenes estaba fuera de la comprobación científica directa.

El no creyente debe usar principios cristianos para argumentar contra la Biblia. El hecho que pueda argumentar prueba que está equivocado.

Esto dejó perplejos a algunos profesores, en una ocasión, una profesora joven me reclamó efusivamente que yo había destruido su credibilidad ante sus estudiantes. Ella les enseñó que el carbón se formó en pantanos durante millones de años. Yo les enseñé que existían diversas creencias sobre cómo pudo haberse formado el carbón, pero que en realidad nadie lo vio hacer. Sin embargo, desde la ciencia observacional, les mostré evidencia (como el hecho que los pinos no crecen en pantanos de carbón) que contradecía la idea de la formación en pantanos. Ya que ella no enseñó las limitaciones de la ciencia en relación a los orígenes y presentó su idea del pantano como un hecho, su credibilidad estaba minada ante los ojos de sus estudiantes. La razón por la que estaba tan enojada era que no tenía vuelta atrás y lo sabía.

Yo pido a cualquiera que tenga la oportunidad de enseñar en el área de creación/evolución que investigue bien su método de enseñanza. Asegúrese que sus estudiantes entiendan bien toda el área filosófica — esto es, las presuposiciones y supuestos que están involucrados. Enséñeles la diferencia entre ciencia histórica y observacional. Los estudiantes no solo comprenderán mejor los problemas, sino que se convertirán en mejores científicos y pensadores.

Otro resultado de este enfoque presuposicional que enfatiza los límites de la ciencia con respecto a los orígenes, son las preguntas que los estudiantes hacen al final de dicho programa. Cuando usas un enfoque evidencial, las preguntas y comentarios de los estudiantes suelen ser algo así como: "¿Que de la datación por Carbono 14?" "¿Acaso los científicos no comprobaron que los fósiles tienen millones de años?" "Seguro si le damos el tiempo suficiente, cualquier cosa puede pasar". Sin embargo, usando el enfoque presuposicional (que traslada el problema al nivel de creencia fundamental), era emocionante ver el cambio dramático en la naturaleza de las preguntas: "¿De dónde vino Dios?" "¿Cómo sabes que la Biblia es confiable y es verdad?" "¿Quién escribió la Biblia?" "¿Por qué el cristianismo es mejor que el budismo?" Los estudiantes comienzan a ver el verdadero problema. En realidad es un conflicto entre dos creencias diferentes. Los resultados de este enfoque han sido sorprendentes. Muchos, muchos estudiantes escucharon el llamado de Cristo y mostraron un verdadero interés en el cristianismo, con un buen número de conversiones como resultado.

Este método funciona no solo en estudiantes de las escuelas públicas sino también en escuelas cristianas. Es un buen método incluso para el público en general. Una de las cosas que reconocen es que los evolucionistas y los creacionistas tienen los mismos hechos. Por lo tanto, hablamos de diferentes interpretaciones de los mismos hechos. Empiezan a ver el verdadero argumento — dos religiones (dos diferentes versiones de ciencia histórica) en conflicto. La evidencia es importante (por lo que los creacionistas hacen intensas investigaciones), pero el método que usan para presentar la evidencia es vital para el éxito de la presentación.

Luego de dar una conferencia en una universidad cristiana en Kansas hace muchos años, usando material similar al discutido anteriormente (más algunas evidencias científicas), un estudiante afirmó en frente de toda su clase: "Lo que acabas de decir suena lógico y muy convincente para aceptar a Génesis como una verdad. Pero debes estar equivocado, porque mi profesor de geología aquí en la universidad cree en la evolución y estaría completamente en desacuerdo contigo. Si estuviera aquí, estoy seguro que me diría que estás equivocado, aunque yo no lo pueda ver ahora." ¡Él necesitaba empezar a separar la ciencia histórica (creencias sobre el pasado) de su profesor de lo que observa realmente!

Le respondí: "Aun si tu profesor de geología estuviera aquí y dijera cosas que no puedo entender porque no soy geólogo, si lo que dice sobre el pasado no está de acuerdo con la Biblia, entonces está equivocado. En otras palabras, su ciencia histórica (sus creencias sobre el pasado) es falible; es la Palabra de Dios la infalible.

Proseguí: "Si no puedo explicar por qué está mal, solo significa que no tengo toda la evidencia para conocer los errores en su argumento." En otras palabras, podría estar haciendo aseveraciones sobre cómo algunos estratos se pudieron formar en el pasado — sin que yo esté familiarizado con las cosas que dice. Un geólogo creacionista, sin embargo, podría tener información sobre investigaciones que demuestren que sus afirmaciones no son verificadas por la ciencia observacional.

Continué: "La Biblia es la Palabra de Dios y es infalible. Estoy seguro de poder conseguir un geólogo creacionista que demuestre en qué está equivocado tu profesor, ¡porque la Biblia siempre estará en lo correcto!" Después de todo, la Biblia es la única versión infalible de la historia. Y no hay nada de la ciencia observacional que pueda contradecir la Palabra de Dios.

Seguramente, como cristianos bendecidos con la convicción que surge por el trabajo del Espíritu Santo, debemos aceptar la Biblia como la infalible, autoridad de la Palabra de Dios. De otra manera no tendríamos nada. Si la Biblia puede ser cuestionada y no ser confiable, y si es objeto de continuas reinterpretaciones basadas ya en lo que hombres falibles creen, entonces no tenemos una autoridad absoluta. No tenemos la Palabra de Uno que lo conoce todo, lo que significa que no tenemos la base para nada. La verdad se discierne espiritualmente. Sin la llenura del Espíritu Santo, nada puede ser en verdad comprendido.

Capítulo 4

LA RAÍZ DEL PROBLEMA

¿POR QUÉ NO QUIEREN los evolucionistas admitir que su creencia es realmente una religión? Porque cualquier cosa que uno crea acerca de sus orígenes afecta su visión del mundo, su sentido de la vida y mucho más. Si no hay Dios y somos el resultado de la casualidad, de procesos al azar, esto significa que no hay autoridad absoluta. Y si no hay quien establezca las reglas, cualquiera puede hacer lo que desee y esperar que se saldrá con la suya. Como leemos en Jueces 21:25, "En estos días no había rey en Israel; cada uno hacía lo que bien le parecía".

La evolución es una religión que permite a todos justificarse dictando sus propias reglas. El pecado de Adán consistió en que no quiso obedecer las reglas de Dios, sino hacer su propia voluntad. Él se rebeló contra Dios; y nosotros sufrimos su mismo pecado: rebelión contra la autoridad absoluta. La creencia evolucionista ha venido a ser la llamada "justificación científica" para que esa rebelión continúe.

En el Libro de Génesis la Biblia nos relata de manera veraz y confiable el origen y la historia temprana de la tierra. Un número creciente de científicos está dándose cuenta de que si toman la Biblia como fundamento de sus investigaciones y edifican su visión del mundo sobre ella, sus conclusiones sobre el origen de los animales, las plantas, los fósiles y las culturas humanas concuerdan con el relato bíblico. Esto confirma que la Biblia es en verdad la Palabra de Dios y que se puede confiar totalmente en ella.

Por supuesto, los humanistas seculares se oponen a esto, porque rechazan la posibilidad de que haya un Dios Creador. Tristemente han tenido éxito en su lucha para suprimir del programa escolar la oración, la lectura de la Biblia y la enseñanza de la creación. Han engañado al público haciéndole creer que si se elimina la religión de las escuelas se logrará una posición imparcial. *¡Esto no es verdad!* La palabra de Dios declara: "El que no es conmigo, contra mí es; y el que conmigo no recoge, desparrama" (Mateo 12:30).

Los secularistas no han suprimido la religión de las escuelas públicas; lo *que han suprimido es el cristianismo y lo han sustituido por una religión opuesta a Dios: el naturalismo o ateísmo*. Considere esta cita de uno de los libros de texto de biología de las escuelas públicas americanas.

> La ciencia requiere observaciones repetidas que obtengan siempre los mismos resultados, e hipótesis que puedan ser puestas a prueba. Estos patrones limitan la ciencia a una busca de las causas naturales de los fenómenos naturales. Por ejemplo. La ciencia no puede probar ni refutar que fuerzas desconocidas o sobrenaturales causen tormentas, un arcoíris, enfermedades o la curación de ellas. La explicación sobrenatural de sucesos naturales está fuera de los límites de la ciencia.[1]

¿Quién decidió que la ciencia podía ser definida de esta manera? Los ateos, que arbitrariamente la definen así para eliminar lo sobrenatural. De este modo, cuando se discute el origen de todo lo que existe, uno puede hablar solo de cómo procesos naturales dieron origen al universo y a la vida. Esto es puro ateísmo. Aun cuando hay una minoría de maestros cristianos en el sistema de escuelas públicas (y necesitan nuestras oraciones, pues son misioneros en un mundo pagano, tal

1. Neil A. Campbell, Brad Williamson, y Robin J. Heyden, *Biology: Exploring Life* (*Biología: Explorando la Vida*, 2005), p. 38.

como una vez lo fui yo), esas escuelas, en general, se han convertido en templos del ateísmo.

Lamentablemente, el 90 por ciento de los estudiantes americanos procedentes de hogares piadosos van a esas escuelas ateas.[2] Ni en sus hogares ni en la mayoría de sus iglesias son adiestrados en apologética, así que no saben cómo defender la fe cristiana frente a los ataques del secularismo. Esta es una de las razones por las que dos terceras partes de los jóvenes abandonan la iglesia cuando llegan a la educación superior.[3] Además, muchos líderes cristianos les dicen que pueden creer en la evolución. Entonces los jóvenes llegan a la conclusión de que si no pueden confiar en el relato de Génesis sobre la creación, ¿cómo pueden confiar en el resto de las enseñanzas bíblicas? Esto ha causado que esta generación haya perdido la fe en la autoridad de la Palaba de Dios.

La mayoría de las escuelas públicas se han convertido en instituciones que adiestran a generaciones de estudiantes en la religión del humanismo secular, y a pesar de que una minoría de maestros cristianos se esfuerza en ser "la sal de la tierra", hay un buen número de ellos que esconden su luz debajo de un almud, temerosos de ser cristianos firmes en tal ambiente pagano. Algunos han sido amenazados con la pérdida de sus empleos si son sorprendidos exponiendo filosofía cristiana. Otros comprometen la Palabra de Dios con enseñanzas sobre la evolución, con lo cual socavan la misma autoridad en la que dicen creer.

La reacción de los evolucionistas hacia las organizaciones creacionistas bíblicas en todo el mundo — entre ellas Respuestas en Génesis — es intensamente apasionada, porque la religión evolucionista está siendo atacada por un sistema de creencia totalmente nuevo. Esta reacción emocional se ve en la forma en que los evolucionistas hablan sobre el asunto. Por ejemplo, considérese esta cita de Michael Ruse, profesor de filosofía en la Universidad Estatal de la Florida: "El creacionismo científico no solo está equivocado, sino que es un

---

2. Ken Ham y Bitt Beemer, con Todd Hilliard, *Already Gone: Why Your Kids Will Quit the Church and What You Can Do to Stop It (Ya se fueron: Por Qué Sus Hijos Abandonarán la Iglesia y Qué Puede Usted Hacer Para Evitarlo)* (Green Forest, AR: Masters Book, 2009, p. 170.
3. Obra citada, p. 21.

absurdo inverosímil, una grotesca parodia de pensamiento humano y un manifiesto desperdicio de inteligencia. En resumen, para el creyente es un insulto a Dios".[4]

Más recientemente, Stephen Law, disertante superior en filosofía de la Universidad de Londres, expuso su punto de vista cargado de emoción acerca del creacionismo:

> ¿Incluiría yo de alguna manera en el currículo escolar el creacionismo que enseña la idea de una tierra joven? Solo podría ponerlo cerca de, digamos, algunas teorías conspiradoras como ejemplo, como ilustración de que el público puede ser absorbido por creencias totalmente absurdas. No obstante, los creacionistas están convencidos de que todos los demás están equivocados y solo ellos en lo cierto. Una vez que la persona es absorbida por tal sistema de creencias no puede salir de él, pues se convierte en un prisionero intelectual al que no se logra convencer; y es conducida a pensar de maneras que normalmente podrían ser consideradas como sintomáticas de enfermedad mental.[5]

En un artículo del año 2008 en *The Guardian (El Guardián)*, del Reino Unido, Richard Dawkins escribió acerca de los maestros que creen que la creación es una alternativa de la evolución: "Estamos faltando a nuestro deber hacia los niños si empleamos maestros que son tan ignorantes o tan imbéciles como para creer eso".[6]

La verdadera batalla se vincula al hecho de que los evolucionistas no quieren aceptar el cristianismo porque rechazan que hay un Dios ante el que son responsables. Quizá por esto uno de sus conferenciantes me dijo una vez: "Usted nunca me convencerá de que el

4. Michael Ruse, *Darwinism Defended: A Guide to the Evolution Controversies (Defensa del Darwinismo: Una Guía para Controversias Sobre la Evolución)* (Menlo Park, CA: The Benjamin/Cummings Publishing Company, 1982), p. 303.
5. Stephen Law, "Should Creationism Be Taught in Schools?" ("¿Debe el Creacionismo Ser Enseñado en las Escuelas"?), 4thought.tv, http://www.4thought.tv/themes/should-creationism-be-taught-in-schools/stephen-law.
6. Richard Dawkins y Steve Jones, "Richard Dawkins and Steve Jones give their views on creationism teaching poll" ("R. Dawkins y S. Jones dan su opinión en el sondeo sobre la enseñanza del creacionismo"), *The Guardian*, 22 de diciembre de 2008.

evolucionismo es una religión". En otras palabras, a pesar de todo lo que yo pudiera demostrarle sobre la naturaleza de la evolución, él rehusaría aceptar que esta es una religión. No quería reconocer que tenía una fe, pues entonces tendría que admitir que era una fe ciega que la ciencia basada en observaciones no aprueba. Y no podía decir que era fe en algo cierto.

Al público se le ha descaminado haciéndole pensar que *solo* la evolución es científica y que creer en Dios es *solo* religión. Sin embargo, como he señalado, ambas requieren fe. La evolución causa que muchos tropiecen y no escuchen cuando los creyentes les comunican la verdad del Dios de la creación y el evangelio. Cuando los humanistas refutan el creacionismo bíblico (en los debates, la prensa, los libros, etcétera) usan ataques *ad hominem* (contra el hombre), es decir, no debaten las ideas de los creacionistas, sino que descalifican a estos llamándoles ignorantes, enfermos mentales, incapaces de razonar, tiranos del pensamiento, anticientíficos, seudocientíficos, ignorantes de la realidad, etcétera. ¡Esto es porque no tienen ninguna evidencia de que la evolución es un hecho cierto! Un examen comprensivo de sus "evidencias" contradice la creencia evolucionista.

Visite un museo y observe la exhibición de las supuestas evidencias de la evolución. Diferentes clases de animales y plantas aparecen representadas por especímenes cuidadosamente preservados o por una gran cantidad de fósiles. Verá la historia de la evolución expuesta en palabras o mediante modelos construidos por artistas *basados en la creencia evolucionista*, no en evidencias. *La evidencia está solo en los argumentos imaginarios pegados a la vitrina.*

Todo lo que los evolucionistas tienen que hacer es aparecerse con una pieza de evidencia que pruebe la evolución de manera concluyente. Si la evolución es verdadera y la creación es una tontería, tienen a su disposición los medios de difusión para probarlo a todos. Pero no pueden hacerlo. En la televisión se presentan muchos documentales que supuestamente prueban la evolución; pero si uno apaga el volumen, la misma evidencia puede confirmar también el relato bíblico de la creación. La evidencia apoya exactamente lo que la Biblia dice. Es lástima que los creacionistas no tengan la misma cobertura informativa para explicar al mundo la copiosa evidencia de su verdad.

Enfrentémoslo: los evolucionistas seculares deben oponerse a los creacionistas bíblicos porque si lo que estos afirman es verdad (y lo es) — es decir, Dios es el Creador y el hombre es un pecador necesitado de salvación — entonces toda su filosofía queda destruida. Las bases de esta decretan que no hay Dios y que en último término el hombre es responsable únicamente ante sí mismo. Por eso los evolucionistas se aferran a su argumento de los millones de años, aun cuando la evidencia lo contradiga totalmente. En verdad se trata de una cuestión espiritual.

Algunos pueden decir: Si la evidencia de que hay un Dios Creador es tan grande, muchos lo creerían fácilmente. En Romanos 1:20 leemos, "Porque las cosas invisibles de él, su eterno poder y deidad, se hacen claramente visibles desde la creación del mundo, siendo entendidas por medio de las cosas hechas, de modo que no tienen excusa".

La Biblia nos dice que hay suficiente evidencia en el mundo para convencer al hombre de que Dios es Creador y para condenar a los incrédulos. Si eso es así — y hay abundante evidencia de ello — ¿por qué muchos no creen? El apóstol Pedro declaró que en los últimos días muchos ignorarían voluntariamente que Dios creó el mundo (2 Pedro 3:5). Esto significa que se han propuesto no creer.

P.Z. Meyers, profesor asociado de ciencia y matemáticas de la Universidad de Minnesota-Morris, explicó en una entrevista reciente que su incredulidad respecto a Dios se debe a una falta de evidencia:

> ¿Por qué no creo en Dios? Porque nadie me ha dado evidencia de que existe. Es una posición ridícula. Si fuera verdad, sería maravilloso, ¿no? Sería lo más increíble que se hubiera descubierto en el universo — que hay un ser más grande que todo aquello en que hemos vivido y que hemos estudiado, y que tiene tan vastos poderes — sería estremecedor conocerlo. Si alguien tuviera una verdadera evidencia sobre ello, la sacaría a relucir.[7]

Pero por Romanos 1:20 sabemos que Dios es "claramente visible" y que los incrédulos "no tienen excusa", así que la incredulidad de Meyers es realmente ignorancia voluntaria. Tenemos que asegurarnos de no separar Romanos 10:17 de 1:20. El primero dice: "Así que la fe es por el oír, y el oír, por la palabra de Dios". La Biblia dice: "Pero Jehová endureció el corazón de Faraón, y no quiso dejarlos ir" (Éxodo 10:27). Esta idea también aparece en Éxodo 7:14, "Entonces Jehová dijo a Moisés: El corazón de Faraón está endurecido y no quiere dejar ir al pueblo".

En el Nuevo Testamento leemos que Jesús enseñó a los fariseos y los escribas en parábolas (Mateo 13:13). "De manera que se cumple en ellos la profecía de Isaías, que dijo: De oído oiréis, y no entenderéis; y viendo veréis, y no percibiréis. Porque el corazón de este pueblo se ha engrosado, y con los oídos oyen pesadamente, y han cerrado sus ojos; para que no vean con los ojos, y oigan con los oídos, y con el corazón entiendan, y se conviertan, y yo los sane" (Mateo 13:14–15).

Romanos 1:28 nos dice: "Y como ellos no aprobaron tener en cuenta a Dios, Dios los entregó a una mente reprobada, para hacer cosas que no convienen".

Así que es Dios quien nos permite ver la verdad de que Él es Creador. Esa es toda la evidencia. Sin embargo, en un verdadero sentido debe haber en nosotros también la disposición para ver. ¿Por qué no pueden ver los humanistas, los evolucionistas, que toda la evidencia confirma exactamente lo que dice la Biblia? Porque no quieren verla.

---

7. P.Z. Myers, "God's Theme Park," *Dateline* (Australia), March 6, 2012 (Parque Temático de Dios, Fechado en Australia, 6 de marzo de 2012) http://www.sbs.com.au/dateline/story/watch/id/601409/n/God-s-Theme-Park.

No es porque no hay evidencia, sino porque rehúsan interpretarla correctamente a la luz de la enseñanza bíblica.

En Isaías 50:10 leemos, "¿Quién hay entre vosotros que teme a Jehová, y oye la voz de su siervo? El que anda en tinieblas y carece de luz, confíe en el nombre de Jehová, y apóyese en su Dios".

Quiero usar una analogía que nos ayuda a entender. En Juan 11:11 leemos que Lázaro murió y Jesús vino a su tumba. Recuerde que los incrédulos están "muertos en delitos y pecados" (Efesios 2:1). Podríamos describirlos como muertos andantes.

Antes de resucitar a Lázaro, Jesús dijo: "Quitad la piedra" (Juan 11:39). Jesús pudo haber rodado la piedra, o hacerla desaparecer con una palabra; pero Él ordenó que los humanos hicieran lo único que podían hacer. Luego hizo lo que los humanos no podían hacer, sino solo Él; y clamó a gran voz: "¡Lázaro, ven fuera!". Así levantó a uno que estaba muerto.

El acto de quitar la piedra es semejante a lo que hacemos los humanos cuando usamos la observación científica como lo mejor que podemos para tratar de convencer a los evolucionistas de que la evidencia confirma la declaración bíblica. Contestamos preguntas y defendemos nuestra fe; pero nuestros argumentos no pueden levantar a los muertos andantes. Así que nos aseguramos de que, como lo hizo Pablo al razonar y refutar, guiemos a todos a la *Palabra* de Dios para que la oigan y respondan al evangelio. Entonces oramos para que Dios levante a los muertos.

Es mi oración que los que se oponen al Dios Creador vengan a confiar en Él como Señor y Salvador. El resto de Isaías 50 debería hacer que oráramos más por los humanistas y evolucionistas que quieren andar según su propia luz, a la luz del hombre: "He aquí que todos vosotros encendéis fuego, y os rodeáis de teas; andad a la luz de vuestro fuego, y de las teas que encendisteis. De mi mano os vendrá esto; en dolor seréis sepultados" (Isaías 50:11).

No queremos que este sea el destino de ningún ser humano. Como dice el Señor en Su palabra, no es Su deseo que ninguno perezca (2 Pedro 3:9). No obstante, Dios, que es un Dios de amor, es también un Dios de justicia que no puede ver el mal (Habacuc 1:13). Por tanto, el pecado debe ser juzgado por lo que es. Sin embargo, Dios en Su infinita misericordia envió ". . . a Su Hijo unigénito, para

que todo aquel que en él cree, no se pierda, mas tenga vida eterna" (Juan 3:16).

"En el principio era el Verbo, y el Verbo era con Dios, y el Verbo era Dios. Éste era en el principio con Dios. Todas las cosas por él fueron hechas, y sin él nada de lo que ha sido hecho, fue hecho. En él estaba la vida, y la vida era la luz de los hombres" (Juan 1:1–4).

Capítulo 5

DESTRUYENDO LOS FUNDAMENTOS

LA EVOLUCIÓN HA SIDO popularizada y presentada como una verdad científica, y muchos cristianos han añadido esa creencia evolutiva a su creencia bíblica en Dios como el Creador. Así que, mientras muchos cristianos reconocen que Dios creó, ellos creen que Él usó el proceso de evolución para realizar lo que ahora existe. Usualmente esto se llama "evolución teística". Una tremenda confusión ha resultado entonces, generando en muchos el cuestionar las claras declaraciones de la Biblia. Los cristianos ya no están seguros de lo que es verdad y lo que no lo es. Muchos cristianos no se han dado cuenta de la importancia fundamental del dilema creación/evolución.

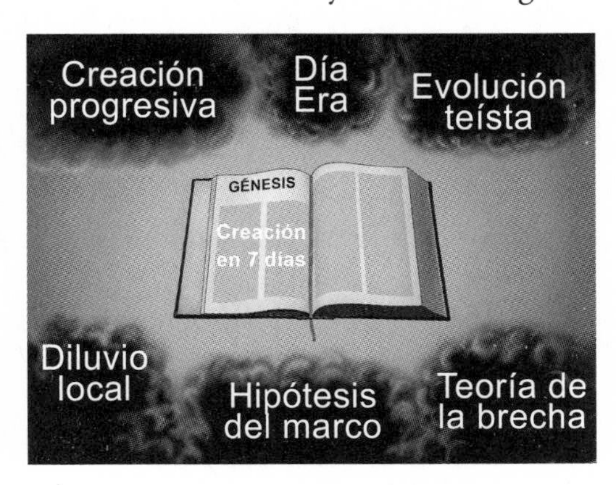

Como ya se indicó, hay una conexión entre los orígenes y

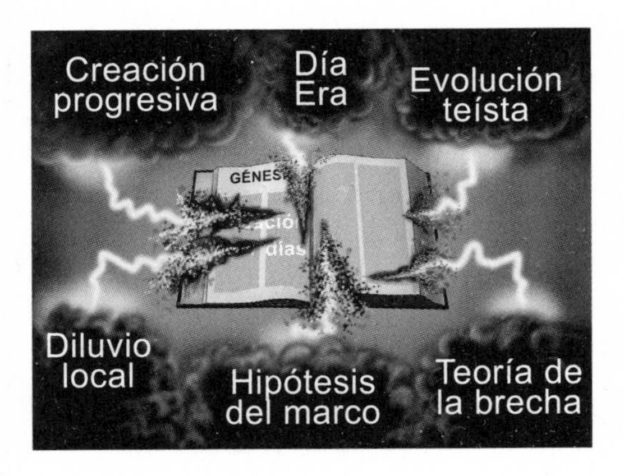

los asuntos que están afectando la sociedad en áreas tales como el matrimonio, la vestimenta, el aborto, la desviación sexual, la autoridad de los padres, etc. Entonces ¿cómo sabemos cuáles deberían ser nuestras creencias ante estos asuntos? Los cristianos necesitan indagar profundamente las razones de por qué creen de esa forma.

Para comenzar a entender esto, debemos primero considerar la relevancia de la creación en el libro de Génesis. En Juan 5:46–47 leemos de las palabras de Jesús: "Porque si creyeseis a Moisés, me creeríais a mí, porque de mí escribió él. Pero si no creéis a sus escritos, ¿cómo creeréis a mis palabras?". Luego en Lucas, Jesús cita a Abraham diciendo: "Si no oyen a Moisés y a los profetas, tampoco se persuadirán aunque alguno se levantare de los muertos." (Lucas 16:31).

Ambas referencias resaltan la importancia primordial encontrada en los escritos de Moisés, empezando con Génesis. En Lucas 24:44 Jesús se refirió a la "Ley de Moisés" en una referencia obvia a los cinco libros de la Ley (el Pentateuco), el cual incluye a Génesis, aceptando a Moisés como su autor. En Hechos 28:23, leemos que Pablo, en Roma, les predicaba a ellos de Jesús comenzando de Moisés y los profetas. Todas estas son referencias a los escritos de Moisés. Asimismo hay un libro de la autoría de Moisés del cual se toman más frecuentemente referencias que de cualquier otro libro. Ese libro es Génesis. Pero en las escuelas teológicas y bíblicas, en círculos cristianos y no cristianos, ¿qué libro de la Biblia es el más atacado, burlado, desestimado, alegorizado y mitificado? ¡El libro de Génesis! Los mismos escritos que son citados en su gran mayoría son aquéllos más atacados, desacreditados o ignorados. ¿Por qué sucede eso?

Fundamentos bajo Amenaza

Salmos 11:3 pregunta: "Si fueren destruidos los fundamentos, ¿qué ha de hacer el justo?". Es importante entender la conexión que el salmista está haciendo. La sociedad depende de los fundamentos morales. Por un acuerdo mutuo, el cual muchas veces ha sido llamado "contrato social", el hombre, en una sociedad ordenada y civilizada, establece límites a su propia conducta. Sin embargo, cuando estas obligaciones son repudiadas y la ley se derrumba con sus estatutos, ¿qué opción tiene el hombre de buscar la paz? El salmista se dirige al hecho de que cada vez que los fundamentos de la sociedad son desestimados, ¿qué pues han hecho los hombres buenos y correctos para prevenir su colapso inminente?

Algunos citan correctamente las Escrituras al decir que Jesucristo es el fundamento y Él no puede ser destruido. En el contexto en el que es usado este versículo de Salmos 11, estamos hablando sobre los conocimientos básicos con los cuales nuestro marco moral es construido. El conocimiento básico de Jesucristo como el Creador puede ser removido en el pensamiento de la gente, no importa si son de Australia, América, Inglaterra o cualquier otra sociedad. Esta acción no significa que Jesucristo no es el Creador, no significa que Él ha sido destronado. Sin embargo, sí significa que en esas naciones que abandonaron el fundamento, toda su sociedad sufrirá las consecuencias.

Una vez más, cito de la Escrituras:

> En aquellos días no había rey en Israel y cada cual hacía lo que bien le parecía (Jueces 17:6).

Si tú destruyes los fundamentos o cualquier cosa, la estructura colapsará. Si quieres destruir cualquier construcción, tendrás éxito garantizado si destruyes los fundamentos.

Del mismo modo, si uno quiere destruir el cristianismo, entonces destruye los fundamentos establecidos en el libro de Génesis. ¿Es sorprendente que Satanás esté atacando Génesis más que cualquier otro libro?

La doctrina bíblica de los orígenes contenidos en el Libro de Génesis es la base para todas las otras doctrinas de la Escritura. Refuta o minimiza de cualquier forma la doctrina bíblica de los orígenes, y el resto de la Biblia estará comprometido. Cada detalle de la *doctrina bíblica de la teología, directa o indirectamente, por último tiene sus bases en el Libro de Génesis.*

Por consiguiente, si usted no tiene un entendimiento creíble de ese libro, usted no puede esperar alcanzar una comprensión total de todo lo que es el cristianismo. Si queremos entender el significado de cualquier cosa, debemos entender sus orígenes — es básico.

Génesis es el único libro que brinda una cuenta del origen de todas las entidades básicas de la vida y del universo: el origen de la vida, del hombre, del gobierno, del matrimonio, de las costumbres, de las naciones, de la muerte, de los escogidos, del pecado, de la dieta y las vestimentas, del sistema solar... la lista es casi interminable. El significado de todas estas cosas depende de su origen. En el mismo sentido, el significado y propósito del evangelio cristiano depende del origen del problema por el cual la muerte del Salvador fue, y es, la solución. La historia de Génesis es fundamental para entender el evangelio de Jesucristo. Ahí es donde leemos el origen del pecado y la necesidad del hombre de un Salvador. La misma primera vez que el evangelio es predicado es en Génesis 3:15:

> Pondré enemistad entre ti y la mujer, y entre tu simiente y la simiente suya; ésta te herirá en la cabeza, y tú la herirás en el talón.

¿Cómo responderías las siguientes preguntas? Imagine a alguien acercándose a ti y diciendo: “Eh, cristiano, ¿crees en el matrimonio? ¿Crees que significa que un hombre es para una mujer durante toda la vida? Si es así, ¿por qué?” Ahora, el cristiano promedio diría que él o ella cree en el matrimonio porque está instituido en la Biblia, Pablo dijo algo acerca de ello, que el adulterio es pecado y hay algunas leyes establecidas al respecto.

Si no eres un cristiano, considera estas preguntas: ¿Estás casado? ¿Por qué? ¿Por qué no vivir sólo con alguien sin importar el matrimonio? ¿Crees que el matrimonio es un hombre para una mujer durante toda la vida? ¿Por qué no seis esposas o seis maridos? Qué sucede si tu hijo viene a casa y dice: "Papá, voy a casarme con Bill mañana."

Dirías: "¡Tú no puedes hacer eso, hijo! ¡Simplemente no se puede!"

¿Qué si tu hijo te responde: "Sí, puedo papá? Ahora hay iglesias que incluso nos casarán. "Si tú no eres un cristiano, ¿qué le dirías a tu hijo? ¿Puedes tener alguna base, alguna justificación para insistir en que él no tenga un estilo de vida homosexual si es lo que él desea?

Al intentar justificar por qué tienen o no una particular creencia, a menudo muchas personas hoy en día tienen varias opiniones en vez de razones. Es a veces interesante mirar entrevistas en los noticieros de televisión. Recuerdo un programa en la televisión australiana en el cual algunas personas fueron entrevistadas y les pidieron expresar sus opiniones concernientes a una decisión del departamento gubernamental de entregar a las parejas homosexuales beneficios similares a los que reciben las parejas heterosexuales casadas. Muchas de las opiniones expresadas fueron como éstas: "No es correcto." "Va en contra de mis costumbres." "Es algo equivocado." "No es normal." "Es malo." "No debería suceder." "No es bueno." "No debería estar permitido." "¿Porque no deberían?" "¡Las personas pueden hacer lo que quieran!" y muchas otras expresiones similares fueron hechas. Pero debido a que tales declaraciones sólo son opiniones, y por lo tanto son subjetivas, hemos visto un cambio que ha ocurrido en la cultura mientras el matrimonio gay y el estilo de vida homosexual se han vuelto más y más aceptados en la cultura como un todo por todo el Mundo Occidental.

El cambio causado por seguir opiniones con respecto al estilo de vida homosexual es muy evidente en la cultura estadounidense. Más y más estados están adoptando el matrimonio gay y aprobando leyes que le son favorables. Pero esta clase de manera de pensar también se ha infiltrado a la iglesia ya que algunos cristianos han tratado de argumentar basados simplemente en opiniones en lugar de la autoridad absoluta de la Escritura.

Un pastor de una iglesia de las principales denominaciones escribió recientemente un libro llamado *¿What's the Least I Can Believe and Still Be a Christian? (¿Qué es lo menos que puedo creer y todavía ser* *cristiano?).* Sólo el titulo revela mucho sobre el contenido del libro — esencialmente, el autor argumenta que asuntos mayores como la conducta homosexual no están claramente abordados en la Escritura y por lo tanto se vuelven cuestiones de la opinión del hombre. La posición del autor sobre la conducta homosexual es ambigua. Mientras dice que la posición de su iglesia es "no-afirmante", dice que es porque "todavía no es apropiado afirmar la conducta homosexual".[1] El autor prosigue esta declaración escribiendo, "todavía estamos hablándolo y debatiéndolo. Todavía estamos estudiándolo y orándo al respecto. Así que nuestra posición algún día cambiará. Pero por ahora aquí es donde la mayoría de nosotros estamos".[2]

A pesar del hecho de que la palabra de Dios es clara sobre la cuestion de la conducta homosexual, este pastor ha elegido las opiniones del hombre como su punto de partida — ¡y mire el fruto de tal manera de pensar! Él y su congregación están debatiendo y hablando de la posibilidad de afirmar la conducta homosexual porque tienen el punto de partida equivocado. Básicamente, ya sea que se den cuenta o no, están intentando escribir su propias reglas para vivir.

Después de que yo había dado un discurso sobre la creación en una escuela pública, un estudiante me dijo: "Yo quiero escribir mis propias reglas acerca de la vida y decidir lo que quiero hacer."

Yo le dije: "Tu puedes hacer eso, hijo, pero en ese caso, ¿porque no te disparo?"

El respondió: "Usted no puede hacer eso".

"¿Por qué no?"

"Porque no es correcto," él dijo.

Yo le dije: "¿Por qué no es correcto?"

"Porque es algo equivocado."

"¿Porque es algo equivocado?"

El me miró anonadado y me dijo: "¡PORQUE NO ES CORRECTO!"

Este estudiante tenía un problema. ¿Sobre qué base podía él decidir si algo estaba bien o mal? Él había iniciado la conversación indicando

1. Martin Thielen, *What's the Least I Can Believe and Still Be a Christian?: A Guide to What Matters Most* (Louisville, KY: Westminster John Knox Press, 2011), p. 56.
2. Ibid., p. 58.

que quería escribir sus propias reglas. Le expliqué que si él quería crear sus propias reglas, entonces seguramente yo podría crear las mías. Él ciertamente estuvo de acuerdo con esa idea. Si eso fuera así, y yo podría convencer a suficientes personas que concuerden conmigo que los individuos como él son peligrosos, entonces, ¿por qué no lo deberíamos eliminar de la sociedad? Entonces él comenzó a decirme otra vez: "No es correcto — está equivocado — no es correcto." Si él no tenía ninguna base en una autoridad absoluta que establece las reglas, sería realmente una batalla de su opinión versus mi opinión. Quizás el más fuerte o el más listo hubiera ganado. El entendió el punto.

Muchas personas opinan que el estilo de vida homosexual es incorrecto. Sin embargo, si ésta es sólo una opinión, seguramente el punto de vista que la homosexualidad es aceptable es tan válido como cualquier otro. El hecho es que no es asunto de la opinión de uno. Realmente se trata de lo que el único Creador, quien nos posee, estableció como una base para los principios que rigen esta área de la vida. ¿Qué dice Dios en Su Palabra con respecto a este problema?

Los cristianos tienen estándares de lo correcto y lo erróneo porque aceptan que hay un Creador y, como Creador, Él tiene dominio directo sobre Su creación. Nosotros somos Su posesión, no sólo porque Él nos creó, sino también como dice la Escritura: "¿O ignoráis . . . que no sois vuestros?" Porque habéis sido comprados por precio . . . (1 Corintios 6:19–20). Dios creó todo; por consiguiente, Él tiene absoluta autoridad. Ya que los humanos son seres creados, están bajo posesión total del ÚNICO que tiene autoridad absoluta sobre ellos. Nuestra absoluta autoridad tiene una directriz para establecer reglas. Es para nuestro mejor bienestar el obedecer porque Dios es nuestro Creador. Entonces, lo que es correcto y no lo es, no es un problema de la opinión de cualquiera, pero sí tiene que estar acorde con los principios encontrados en la Palabra de Dios, que tiene autoridad sobre nosotros. Tal como un diseñador de autos brinda un manual para el mantenimiento correcto de lo que ha diseñado y creado, de esa manera nuestro Creador suple a Su creación con todas las instrucciones que son necesarias para vivir una vida completa, libre, y abundante. Dios nos ha provisto con una serie de instrucciones, no con índole rencorosa o aguafiestas, sino porque Él nos ama y conoce qué es lo mejor para nosotros.

Estructuras sin fundamento

Frecuentemente escuchamos comentarios de padres acerca de que sus hijos se han rebelado en contra de la ética cristiana, preguntando por qué deberían obedecer las reglas de sus padres. Un gran motivo por esto es que la mayoría de padres cristianos no han instruido a sus hijos con perspectivas fundamentales con respecto a qué debería hacer y que no. Si los niños ven las reglas solamente como "opiniones de los padres", entonces, ¿por qué deberían obedecerlas? Hay una enorme diferencia cuando son enseñados desde una edad temprano que Dios es el Creador y que deben obedecer. Es imposible construir la estructura sin un fundamento, pero eso es lo que los padres están intentando hacer para enseñar a sus hijos. Los resultados de estas acciones están alrededor nuestro — una generación con un número creciente de rechazo a Dios y los absolutos del cristianismo.

Otro asunto principal que fue resaltado como resultado de la investigación de *Already Gone (Ya se fueron)* es que, debido a que muchísimos líderes y padres cristianos han dicho a sus hijos que ellos pueden creer en la evolución y/o millones de años, la autoridad bíblica ha sido debilitada.[3] Después de todo, si a las generaciones se les dice que pueden reinterpretar Génesis sobre la base de lo que los secularistas dicen acerca de la edad de la tierra y las ideas evolutivas, ¿por qué no deberían ellos también reinterpretar lo que la Biblia dice acerca del matrimonio y otras cuestiones sobre la base de lo que los mismos secularistas creen? Eso es lo que ha estado sucediendo. Debido al comprometimiento en la iglesia, los números aumentan de aquellos de la siguiente generación que ha hecho al hombre la autoridad — no a Dios.

En una iglesia, un papá muy triste se me acercó y me dijo: "Mis hijos se han rebelado en contra del cristianismo. Recuerdo que ellos vinieron a mí y me dijeron, '¿Por qué deberíamos obedecer tus reglas?' Yo nunca había pensado en decirles que no eran mis reglas. Yo me di cuenta esta mañana de que debería haberles dado los fundamentos de Dios como Creador y también haberles explicado que Él estableció las reglas. Tengo la responsabilidad ante Él como cabeza de mi

3. Ken Ham y Britt Beemer, *Already Gone: Why Your Kids Will Quit the Church and What You Can Do to Stop It*, con Todd Hillard (Green Forest, AR: Master Books, 2009).

hogar, de ver que ellos están llevandolas a cabo. Ellos sólo vieron la doctrina cristiana que les estaba transmitiendo como mis opiniones, o la opinión de la iglesia. Ahora ellos no tendrán nada que ver con la iglesia. Están haciendo lo que creen que es correcto para ellos mismos, no para Dios".

Esto es muy típico en la sociedad cristiana actual, y está muy relacionado con este problema de los fundamentos. Muchos padres no se dan cuenta de que no están estableciendo las bases adecuadas en casa, haciendo énfasis en Dios como Creador. Cuando sus hijos van a la escuela, se les da otro fundamento: Dios no es el Creador y nosotros somos simples productos de la casualidad. No es maravilla que muchos hijos se rebelen. Uno no puede construir una casa del techo hacia abajo. Debemos comenzar desde los cimientos y construir sobre éstos. Tristemente, muchos padres han construido una estructura para la siguiente generación la cual no tiene el entendimiento fundamental que Jesucristo es el Creador.

A los estudiantes en la mayoría de nuestras escuelas se les da un fundamento totalmente anti-bíblico: el fundamento de la evolución. Este fundamento, por supuesto, no permitirá a la estructura cristiana mantenerse erguida. Una estructura de diferente tipo — el humanismo — es la que es construida desde este otro fundamento.

Muchos padres han dicho que, cuando sus hijos fueron a la escuela secundaria o universidad, ellos se alejaron del cristianismo. Muchos rechazan el cristianismo enteramente. Si nunca hubo un énfasis en construir el fundamento correcto en casa, no es muy raro que el fundamento cristiano se derrumbe. Lamentablemente, partiendo de mi experiencia, he encontrado que muchos colegios cristianos y universidades también enseñan evolución — uno no debería asumir que sus hijos están seguros porque los enviaron a un colegio cristiano. Puede que el colegio reclame enseñar la creación, pero en una investigación detallada frecuentemente se encuentra que se enseña que Dios usó la evolución en la creación.

La investigación de *Already Gone*, publicado en 2009, fue realizada para averiguar por qué en Estados Unidos dos tercios de los jóvenes dejan la iglesia al llegar a la edad universitaria.[4] Ha arrojado mucha

4. Ibid., p. 21.

luz de qué es lo que ha estado sucediendo. Esta investigación mostró claramente que estos jóvenes que se alejan de la iglesia comienzan a dudar de la Biblia a la edad de la secundaria (grados 7–9), y un 45 por ciento adicional duda de la Biblia a la edad de preparatoria. Alrededor de 90 por ciento de estos niños asisten a escuelas públicas. Estamos perdiendo a las próximas generaciones a una edad joven. La investigación tambidn mostró que aquellos que enseñan a estos niños en la iglesia y en el hogar están debilitando su entendimiento de la autoridad de la palabra de Dios con la evolución y millones de años. También fue obvio que a esas generaciones de niños no se les está enseñando cómo defender la fe cristiana porque no se les está enseñando cómo responder las preguntas escépticas de la época. Hay una gran carencia de entrenamiento en apologética tanto en la iglesia como en el hogar.

En 2010, Aswers in Genesis contrató al America's Reserch Group (quien también condujo la investigación para *Already Gone*) Esta investigación fue publicada en 2011 en *Already Compromised (Ya comprometidos)*. Los resultados son inquietantes. Yo animaría a cada padre de cada estudiante considerando asistir a una universidad cristiana leer este libro.

Este mismo problema de una estructura sin cimiento se refleja en otro modo. Muchos cristianos podrían estar en contra del aborto, la desviación sexual, u otros problemas morales en la sociedad, pero, sin embargo, no pueden dar una justificación adecuada para su oposición. La mayoría de cristianos tienen una idea de lo que es correcto y lo que no lo es, pero no entienden el porqué. Esta escasez de razones para nuestra posición es vista por otros como sólo "opiniones". Y, ¿por qué nuestra opinión debería tener mayor validez que la opinión de alguna otra persona?

Otro problema en la actualidad es que muchos cristianos piensan que debería argumentar partiendo de lo que ellos perciben como una posición neutral. ¡Han sido adoctrinados para creer que si usan la Biblia en dichos argumentos entonces están imponiendo su religión en la gente! Sin embrago, si no usan la Biblia, entonces, como se discutió en los capítulos anteriores, sólo hay otro punto de partida — ¡la palabra del hombre! De esta forma, en realidad sólo argumentan desde una perspectiva subjetiva. Como lo he dicho previamente, no hay una posición neutral porque el hombre no es neutral:

> El que no está conmigo, está contra mí; y el que conmigo no recoge, desparrama (Mateo 12:30).
>
> Otra vez Jesús les habló, diciendo: — Yo soy la luz del mundo; el que me sigue no andará en tinieblas, sino que tendrá la luz de la vida (Juan 8:12).
>
> [. . .] el corazón del hombre se inclina al mal desde su juventud [. . .] (Génesis 8:21).
>
> Como está escrito: "No hay justo, ni aun uno; no hay quien entienda, no hay quien busque a Dios (Romanos 3:10–11).
>
> Estos ignoran voluntariamente que en el tiempo antiguo fueron hechos por la palabra de Dios los cielos y también la tierra, que proviene del agua y por el agua subsiste, por lo cual el mundo de entonces pereció anegado en agua (2 Pedro 3:5–6).

Construyendo sobre el fundamento verdadero

Todos estos asuntos están relacionados al entendimiento de todo lo que se trata la Biblia. No es sólo una guía para la vida. Es el fundamento más básico sobre el cual todos nuestros pensamientos deben ser estructurados. Hasta que no entendamos ese libro, no tendremos un entendimiento correcto de Dios y Su relación con el hombre y, por lo tanto, no tendremos claro lo que es un punto de vista cristiano sobre el mundo. Por ese motivo Jesús dijo en Juan 5:47 que debemos creer los escritos de Moisés.

Por ejemplo, para entender por qué es incorrecto vivir como homosexual, uno debe de entender que el fundamento del matrimonio viene de Génesis. Es ahí donde leemos que Dios ordenó el matrimonio y declaró que sería entre un hombre y una mujer para toda la vida. Dios creó a Adán y Eva, no ¡Adán y Bruno! Un concepto importante sobre el matrimonio según Malaquías 2:15 es que Dios creó dos para ser "uno" para que pudieran producir "una semilla divina" (es decir, descendencia divina). Cuando uno entiende que hay ciertas tareas que Dios delegó a hombres y mujeres, uno tiene razones para manifestarse en contra de cualquier legislación que debilite o destruya la familia.

Cuando a Jesús se le preguntó sobre el matrimonio en Mateo 19 citó de Génesis 1 y 2 para recordar a todos que el matrimonio es para ser entre un hombre y una mujer:

> Él, respondiendo, les dijo: — ¿No habéis leído que el que los hizo al principio, "hombre y mujer los hizo", y dijo: "Por esto el hombre dejará padre y madre, y se unirá a su mujer, y los dos serán una sola carne"? Así que no son ya más dos, sino una sola carne; por tanto, lo que Dios juntó no lo separe el hombre (Mateo 19:4–6).

También, una importancia principal para el matrimonio, como se declara en Malaquías 2:15, es que Dios creó dos para ser "uno" para que pudieran prodcuir "descendencia para Dios":

> ¿No hizo él un solo ser, en el cual hay abundancia de espíritu? ¿Y por qué uno? Porque buscaba una descendencia para Dios. Guardaos, pues, en vuestro espíritu y no seáis desleales para con la mujer de vuestra juventud.

De hecho, la familia es la primera y más fundamental de todas las instituciones que Dios ordenó en la Escritura. La familia es la unidad educativa de la nación. La familia debe producir descendencia piadosa (para Dios) que influenciará el mundo por Cristo, generación tras generación. El matrimonio gay destruye esto y va totalmente en contra de lo que nuestro Creador determinó que es el matrimonio.

Cuando uno entiende que hay roles específicos que Dios ordenó para los hombres y las mujeres, uno tiene razones para oponerse a cualquier legislación que debilita o destruye la familia.

De ese modo, un estilo de vida homosexual es anti-Dios, y por ese motivo es algo erróneo, no porque es nuestra opinión, sino porque Dios, la autoridad absoluta, lo dice. (Véase en Levítico 18:22; Romanos 1:24,26–27: y Génesis 2:23–24.)

Debemos reforzar nuestra manera de pensar, y en nuestras propias iglesias cristianas, que la Biblia es la Palabra de Dios y que Dios tiene la absoluta autoridad en nuestras vidas. Debemos escuchar lo que Él dice con relación a los principios de vivencia, en *cada área de la vida, sin importar la opinión de quien sea*. Este principio humano, penetra la iglesia en muchos sentidos. Considera el problema del aborto también.

Yo he estado en estudios bíblicos en los cuales diversos grupos discutían el aborto. Muchos de los miembros daban su opinión acerca de lo que creían, pero no daban referencia acerca de lo que dice la Biblia. Ellos decían cosas como: "¿Qué si su hija fuera violada," o "si el bebé naciera con alguna malformación," o "si alguien no fuera capaz de hacerse cargo luego del niño?," entonces quizás el aborto sería aceptable. Aquí es donde nuestras iglesias están desbordándose por un precipicio. La idea de que todos pueden tener una opinión desprovista de una base en los principios bíblicos se ha introducido en nuestras iglesias y es una de las principales razones de por qué tenemos muchos problemas estableciendo la doctrina y determinando qué es lo que deberíamos creer. No es un problema de opinión humana sobre qué es lo que se desarrolla en el útero de las madres; es un problema de qué es lo que Dios dice en Su Palabra con respecto a los principios que deben gobernar nuestros pensamientos. Salmos 139, Salmos 51, Jeremías 1, y muchos otros pasajes de la Escritura lo dejan bastante claro que, en el momento de la concepción, nosotros somos seres humanos. Por consiguiente, el aborto en todas las instancias debe ser visto como asesinar a un ser humano. Ése es el único punto de vista para el problema. Es tiempo de despertar. Cuando viene esa clase de problemas debemos tomar el punto de vista de Dios y no el nuestro.

Si fuéramos menos temerosos al hacer esto, un montón de problemas que hoy tenemos en las iglesias serían obviamente fáciles de resolver. Una conferencia grande de una particular denominación Protestante estaba discutiendo si se debería ordenar a las mujeres como pastoras. Fue interesante ver lo que sucedía. Alguien saltó de su asiento y dijo que deberíamos ordenar a las mujeres como pastoras porque son tan listas como los hombres. Otro comentó que tenemos mujeres doctoras y abogadas; entonces, ¿por qué no deberíamos tener pastoras? Alguien más dijo que las mujeres son iguales que los varones y, por eso, deberían ser pastoras. Pero en esta y otras conferencias similares, ¿a cuántas personas escuchamos declarar, "Dios hizo al hombre, Dios hizo a la mujer? Él les ha dado tareas específicas en este mundo. El único modo de llegar a la conclusión correcta sobre este problema es comenzar sobre lo que dice Dios con respecto a los roles de los varones y las mujeres." El problema es que todos quieren tener su propia opinión sin tomar como referencia la opinión de Dios.

En una reunión, una dama respondió en un tono muy airado sobre lo que yo había dicho acerca de los roles de los varones y las mujeres. Dijo que ella no debería ser sumisa a su marido hasta que él fuera perfecto como Cristo. Luego le pregunté dónde estaba establecido eso en la Biblia. Ella dijo que era obvio que la Biblia enseñaba eso. Por consiguiente, ella no tenía que estar sometida a su marido. Le repetí nuevamente mi pregunta, insistiendo que me mostrara donde está eso como una declaración o se da como principio por lo cual uno podría llegar lógicamente a tal conclusión. Ella no podía mostrarlo, pero siguió insistiendo que mientras su esposo no fuera perfecto como Cristo, ella no se sometería a él. Era obvio que todos se dieron cuenta de que ella prefería su propia opinión independientemente a lo que está establecido en la Escritura. Ella no quería someterse a su marido, y no quería obedecer las Escrituras.

Otro lugar en el cual con frecuencia escucho la opinión de la gente expresada en diversos sentidos es en las reuniones de miembros en iglesias. He estado en estas reuniones en las cuales estaban eligiendo a diáconos. Alguien sugería a una persona para ser diácono porque era un buen hombre. Cuando alguien más sugirió que deberían ser aplicadas las calificaciones para diáconos como se dan en las Escrituras, otro se opuso, diciendo que no se podía descartar a alguien de ser diácono sólo porque no cumple con las calificaciones dadas en la Escritura. En otras palabras, la opinión de las personas, según algunos, están por encima de la Escritura.

Hay muchas maneras en las que vemos toda esta filosofía entrando en nuestras sociedad cristiana. El director de una escuela cristiana me estaba diciendo que había un número de padres que se oponían al estricto código de disciplina, el cual está basado sobre principios bíblicos. Sus objeciones usualmente tomaban la forma de una comparación con otras escuelas, o declaraban que sus niños no eran tan malos como otros niños en el vecindario. En vez de comparar los estándares de disciplina con la Palabra de Dios, lo estaban comparando con otras personas. Por ejemplo, algunos padres insistieron en que porque había otros estudiantes en la escuela haciendo cosas malas, sus hijos no deberían ser castigados. El director señaló que, si esto fuera aplicado en la sociedad, habría enormes problemas. Por ejemplo, ¿significa esto que la policía no debería enjuiciar a un conductor que han atrapado con un alto contenido de alcohol en su sangre porque muchos otros conductores que también tienen un alto grado de alcohol no fueron detenidos? Estos padres se molestaron por los estándares de conducta que el director aplicó — estándares basados en la autoridad de la Palabra de Dios.

Pablo dijo, "Así que, hermanos, estad firmes, y retened la doctrina que habéis aprendido. . ." (2 Tesalonicenses 2:15). ¿Nos mantenemos firmes o flaqueamos? Lo que vemos en nuestra sociedad es una expresión, de un incremento de su más pura ferocidad, de su rechazo de Dios y Sus absolutos, y la creciente creencia que sólo la opinión humana importa.

Tristemente, esto no es sorprendente en una época donde las opiniones del hombre con respecto a los orígenes (evolución y/o millones de años) están siendo acepatdas sobre la palabra de Dios en Génesis — y esta aceptación permea en la iglesia y los hogares cristianos.

La razón de los muchos conflictos dentro de la iglesia en estos tiempos es que las personas están peleando por sus opiniones. No es un problema de opinión, tuya o mía. Es lo que DIOS dice que IMPORTA. El fundamento de nuestro pensamiento debería ser los principios de Su Palabra. Éstos deben determinar nuestras acciones. Para entender esto, debemos también apreciar que Génesis es fundamental para toda la creencia cristiana. La mayor dificultad en nuestras iglesias es que la gente no cree en el Génesis. Consecuentemente, no saben en qué más confiar en la Biblia. Ellos tratan la Biblia como un libro interesante que contiene algunas definiciones vagas sobre la verdad religiosa. Esta visión está destruyendo la iglesia y nuestra

sociedad, y es tiempo que los líderes religiosos despierten ante este hecho. No tomar Génesis del 1 al 11 literalmente es violentar el resto de la Escritura.

Según el Profesor James Barr, un renombrado erudito hebreo y profesor de Interpretación de las Santas Escrituras en la Universidad de Oxford, escuela Oriel, dijo en una carta personal el 23 de abril de 1984: "Por lo que yo sé no hay profesor de Hebreo o Antiguo Testamento en ninguna universidad de clase mundial que no crea que el escritor (o escritores) de Génesis del 1 al 11 intentó transmitir a sus lectores las ideas de que (a) la creación tomó lugar en una serie de 6 días los cuales fueron como los mismos días de 24 horas que ahora experimentamos; (b) las figuras contenidas en las genealogías de Génesis provee por simple suma una cronología que va desde el inicio del mundo hasta los últimos escenarios en la historia bíblica (c) el diluvio de Noé fue entendido como un hecho global y extinguió toda vida humana y animal excepto la de los que estaban en el arca."[5]

Por favor, note que muchos, por no decir la mayoría de estos eruditos de "clase mundial" no creen en la Biblia o el cristianismo, así que ellos no están interesados en "arrebatar" las Escrituras para de

5. Douglas F. Kelly, *Creation and Change: Genesis 1:1–2:4 in the Light of Changing Scientific Paradigms* (Great Britain: Christian Focus Publications, 1997), p. 50–51.

algún modo intentar hacer que su religión encaje con la evolución. Ellos sólo están expresando su opinión sobre el pleno significado del texto. Deja de creer si tú así lo deseas, pero es imposible dar a entender que dice cualquier otra cosa de lo que en realidad dice. Podemos ver ahora que aquéllos que dicen que la clara enseñanza de Génesis no es lo que en realidad significa, no lo hacen sobre la base de conceptos literarios o lingüísticos, sino parcialmente bajo la presión del pensamiento evolucionista. En realidad, están haciendo al hombre el punto partida y a su opinión el fundamento—no a Dios y su Palabra.

Capítulo 6

GÉNESIS SÍ IMPORTA

MUCHOS CRISTIANOS NO se dan cuenta de que los acontecimientos de Génesis son literales, son históricos (particularmente Génesis 1–11), y son fundamentales para toda la doctrina cristiana. Veamos en detalle algunas doctrinas cristianas importantes, para demostrar por qué este énfasis en un Génesis literal debe aceptarse. Suponga que se nos está interrogado acerca de las doctrinas en las que creen los cristianos. Piense cuidadosamente cómo respondería detalladamente.

- ¿Por qué creemos en el matrimonio?
- ¿Por qué usamos ropa?
- ¿Por qué hay reglas (el bien y el mal)?
- ¿Por qué somos pecadores y qué significa eso?
- ¿Por qué existe la muerte y el sufrimiento en el mundo?
- ¿Por qué es que habrá un cielo nuevo y una tierra nueva?

Consideraremos cada pregunta cuidadosamente, ya que es importante tener razones por lo que creemos. De hecho, Dios espera que Sus hijos estén listos para dar respuestas, para dar razones de lo que creen. 1 Pedro 3:15 dice: ". . . sino santificad a Dios el Señor en vuestros corazones, y estad siempre preparados para presentar defensa con mansedumbre y reverencia ante todo el que os demande razón de la esperanza que hay en vosotros".

El cristianismo, a diferencia del ateísmo, no es una fe "ciega", sino que tiene un objetivo . . . nuestro objeto es Jesucristo. Él se revela a los que vienen por medio de la fe creyendo que Él es. "Y yo le amaré, y me manifestaré a él" Juan 14:21 dice: Hebreos 11:6: ". . . porque es necesario que el que se acerca a Dios crea que le hay, y que es galardonador de los que le buscan".

Si las razones de la validez de la fe de los cristianos no se comunican, su testimonio se debilita y queda expuesto al ridículo. Los cristianos deben estar preparados para defender el evangelio de forma inteligente armándose con el conocimiento y comprendiendo las formas que adquiere la incredulidad en estos días. Muchos cristianos no saben cómo comunicar el hecho de que las leyes y la Palabra de Dios son verdaderas. El resultado neto son generaciones de cristianos insípidos que creen en muchas cosas, pero no están seguros de por qué las creen. Dar el testimonio de forma personal puede perder su impacto si el cristiano no puede compartir razones inteligentes para su fe. Esto se debe evitar, para que el nombre de Cristo no se ridiculice ni se deshonre.

En 1 Pedro 3:15, la palabra que se traduce por "defensa" (y algunas veces por "respuesta") proviene de la palabra griega *apología*. Esta palabra significa dar un motivo jurídico, es decir, dar una defensa razonada de la fe. Lamentablemente, la mayoría de los cristianos no pueden hacer esto, pues no son capaces de responder preguntas que les hacen personas escépticas, pues estos últimos cuestionan la validez de la historia del Génesis.

La mayoría de los hogares cristianos y las iglesias (así como la mayoría de las instituciones académicas cristianas) no enseñan cómo responder a estas preguntas y así preparar a niños y adultos para los ataques que enfrentarán. Es triste comprobar la falta de enseñanza en materia de apologética en el mundo cristiano. En *Already Gone*

(*Ya se fueron*), se dan detalles de por qué las dos terceras partes de los jóvenes en abandonan la iglesia en Los Estados Unidos.[1] La falta de enseñanza en materia de apologética contribuye en gran medida a este problema. Y debido a que alrededor del 90 por ciento de los niños de hogares cristianos asiste a escuelas públicas, a estos niños, criados en la iglesia, se les enseña apologética en la escuela — pero una apologética que menoscaba la Biblia.

La minoría de maestros cristianos que además son misioneros, estaría de acuerdo en que, en términos generales, el sistema de educación pública ha expulsado a Dios, y diversos programas de educación y libros de texto enseñan supuestas evidencias a favor de la teoría de "millones de años" y otras ideas evolucionistas. Por lo tanto, en la escuela, a la mayoría de los niños de iglesia se les enseña una defensa de la cosmovisión secular, mientras que en la iglesia y en la casa, en la mayoría de los casos, se les enseña que la Biblia es un libro de historietas.

El resultado final de esta enseñanza es que perderemos a la mayor parte de la próxima generación de la iglesia, y que estamos formando cristianos sin consistencia que creen en muchas cosas, pero no están seguros de por qué. El testimonio personal puede perder su impacto, si el cristiano no puede compartir razones inteligentes de su fe. Esto debe evitarse para que el ridículo y el deshonor no afecten el nombre de Cristo.

La experiencia me dice que la mayoría de los cristianos hoy en día se sienten intimidados por el mundo en la cultura cada vez más secularizada de hoy, porque no saben responder a las preguntas que desafían su fe y la verdad de la Palabra de Dios. Esta es una de las razones por las que, en nuestro Mundo Occidental, una pequeña minoría de ateos controlan los sistemas educativos, imponiendo su religión secular en la cultura.

Un buen ejemplo de lo que sucede cuando no damos razones por lo que creemos se puede ver en una carta al editor de un periódico en Arizona. Dice lo siguiente:

---

1. Ver Ken Ham y Britt Beemer, *Already Gone: Why Your Kids Will Quit the Church and What You Can Do to Stop It*, con Todd Hillard (Green Forest, AR: Master Books, 2009).

> Cuando yo era joven, todos creían que los hombres tenían una costilla menos que las mujeres porque Dios creó a Eva con una de las costillas de Adán. Cuando la historia se escribió, de cinco a diez mil años más tarde después de Noé y el diluvio mundial, ¿cuántas personas sabían leer, o mucho menos escribir? ... Usted dice que es un maestro del creacionismo en las clases escolares. ¿Cómo respondería a estas preguntas? Si Noé tomó dos de cada animal en el arca, ¿de dónde sacó los osos polares, los bisontes, y los canguros? Es posible responder que esos animales vivían en la zona del Mediterráneo Oriental en aquel entonces. La siguiente pregunta sería: ¿Cómo evolucionarían los diferentes colores de los seres humanos de una familia blanca (muy bronceada) en 5,000 o incluso 50,000 años? . . . Cuando yo era niño mi familia era profundamente religiosa, me decían que nunca cuestionara la Biblia y otros escritos religiosos. No me dieron una respuesta en ese entonces, y 70 años más tarde todavía estoy esperando una explicación razonable.

Yo personalmente hablé con el escritor de esta carta. Mientras hablábamos, se hizo evidente que le habían dicho que aceptara la Biblia con fe ciega y nunca se le dio ninguna respuesta útil. La omisión lo llevó a rechazar el cristianismo evangélico. ¡Qué triste! Y las respuestas a este tipo de preguntas están disponibles en la actualidad.[2] Así que, vamos a "dar las razones por las cuales creemos", mientras tocamos los temas mencionados anteriormente.

El Matrimonio

Cuando le hicieron preguntas a Jesús sobre el divorcio en Mateo 19:4–5, Él inmediatamente hizo referencia al origen, y por lo tanto a la fundación,

2. Para mas recursos sobre el debate creacion/ evolucion, apologetica, y mucho mas, visite el sitio web de en Genesis y la tienda en linea en www.answersingenesis.org.

del matrimonio. Él dijo: "¿No habéis leído que el que los hizo al principio, varón y hembra los hizo . . . y dijo: Por esto el hombre dejará padre y madre, y se unirá a su mujer, y los dos serán una sola carne?" ¿Y de dónde lo citó Jesús? ¡De Génesis! Jesús estaba diciendo: "¿No entienden que hay una base histórica para el matrimonio?". Si no tuviéramos esta base histórica, no tendríamos matrimonio. La única base está en las Escrituras. Usted podría decir que es conveniente para usted, pero no puede decirle a su hijo que no puede casarse con Guillermo o, en otro caso, que no puede casarse con Julia y Susana. Del mismo modo, las relaciones extramaritales serían una alternativa tolerable. Usted no tendría ninguna justificación para pensar lo contrario.

Ahora, si nos remontamos a Génesis, leemos cómo Dios tomó polvo e hizo un hombre. De la costilla del hombre, Él hizo una mujer. Las primeras palabras registradas de Adán fueron: "Esto es ahora hueso de mis huesos y carne de mi carne". Ellos eran una sola carne. Cuando un hombre y una mujer se casan, se convierten en uno. Ésta es la base histórica. Además, tenemos que adherirnos el uno al otro como si no tuviéramos padres, igual que Adán y Eva que no tuvieron padres. Sabemos que debe ser una relación heterosexual. ¿Por qué? Porque, como se dijo antes, Dios hizo a Adán y Eva (un hombre y una mujer, no un hombre y un hombre). Ésa es la única base para el matrimonio, y es por eso que sabemos que el comportamiento y el deseo homosexual es una desviación malvada, perversa e innatural. Es hora de que la iglesia se mantenga firme en contra de la creciente aceptación de la homosexualidad como si fuera algo natural o normal o como una "alternativa aceptable". Pablo no hubiera escrito acerca de la homosexualidad en la forma en que lo hizo en Romanos si él no hubiera tenido esa base histórica. (Tenga en cuenta que, aunque como cristianos condenamos el pecado de la homosexualidad, debemos apoyarnos en la gracia a la hora de dirigirnos a los homosexuales y buscar su liberación de la atadura).

En 2012, el presidente Barack Obama (EE.UU.) declaró su apoyo al matrimonio gay:

> Siempre he sostenido con firmeza que los estadounidenses homosexuales y lesbianas deben ser tratados de

> manera justa y equitativa. . . Es importante ahora dar otro paso afirmar que creo que las parejas del mismo sexo deberían poder casarse.[3]

¿Qué pasaría si alguien le dijera al presidente Obama que un verdadero matrimonio es estrictamente entre un varón y una mujer porque Dios construyó la doctrina del matrimonio basado en la creación del primer hombre y mujer en el Genesis? Lamentablemente, en estos días, no me sorprendería si él respondiera con algo como: "Bueno, muchos líderes cristianos y académicos me dicen que Génesis no fue escrito para tomarse como historia literal, por lo que el matrimonio puede ser definido de maneras diferentes."

Es hora de que la iglesia deje de adaptar y llegar a acuerdos con la sociedad que comprometan la Palabra de Dios en Génesis y se mantenga firme en contra de la creciente aceptación de la conducta homosexual como algo natural o normal, o como alternativa aceptable. Pablo no hubiera escrito sobre la homosexualidad como lo hizo en Romanos si no hubiese tenido tal base histórica (tengamos en cuenta que, aunque como cristianos condenamos el pecado de la conducta homosexual, hemos de mostrar la gracia al homosexual y buscar su liberación de la esclavitud.)

El tema del matrimonio gay se ha convertido en uno de los más polémicos en este siglo XXI, y por desgracia, la iglesia en general no lo enfrenta de la forma correcta, porque ha puesto en peligro el fundamento del matrimonio descrito en el libro de Génesis.

¿Qué hay con el resto de las enseñanzas sobre el matrimonio? Hay otro aspecto que tiene que ver con la familia. Es la razón por la que muchas familias cristianas se desmoronan o los hijos van por mal camino. En la mayoría de los hogares cristianos hoy en día, por lo general es la madre la que les enseña a los niños sobre lo espiritual. Qué lamentable es que los padres no han tomado su responsabilidad dada por Dios. Cuando uno mira los papeles bíblicos que han sido

---

3. Barack Obama, entrevista con Robin Roberts, “Obama Affirms Support for Same-Sex Marriage,” [Obama Reafirma su Apoyo para el matrimonio homosexual] *ABC News Informe Especial,* ABC 9 de mayo de 2012, http://abcnews.go.com/GMA/video/obama-sex-marriage-legal-16312904.

dados a los padres y a las madres, es a los padres a los que se les asigna la responsabilidad de proveer para sus hijos, y proporcionar las necesidades físicas y espirituales de la familia (Isaías 38:19, Proverbios 1:8, Efesios 6:4). Un resultado de este cambio de roles es que los hijos suelen dejar de ir a la iglesia. Las niñas cristianas a las que sus padres no capacitan adecuadamente acerca de la relación matrimonial frecuentemente desobedecen al Señor al salir y casarse con hombres que no son cristianos.

Una mujer joven se acercó a mí y me dijo que ella estaba casada con un hombre que no era cristiano. Me explicó que cuando era novia de este hombre, ella lo comparaba con su padre y no veía ninguna diferencia real. Sin embargo, su padre era cristiano. Debido a que su padre no era el jefe espiritual de la casa, ella no vio ninguna diferencia real entre él y la persona con la que estaba saliendo. Ella no veía ninguna razón para asegurarse de que su futuro esposo fuera cristiano. Ahora que ella está casada y tiene hijos, hay algunos problemas extremos con su matrimonio en cuanto a la crianza de sus hijos.

Una razón importante para tantos problemas en las familias cristianas de hoy es que los padres no han tomado su responsabilidad mandada por Dios de ser sacerdotes en su hogar. Como esposo y padre, él también es un sacerdote para su esposa e hijos. Sin embargo, no es una relación de "jefe" en que los hombres despóticamente se enseñorean de las mujeres. Las mujeres liberacionistas piensan que la Biblia enseña una relación tiránica en el matrimonio. Desafortunadamente, también muchos cristianos piensan de esa forma. Sin embargo, la Biblia no dice esto en absoluto. Cualquiera que use estos roles bíblicos absolutos para justificar la búsqueda de poder de una persona sobre otra no ha comprendido para nada todo el mensaje de Jesucristo (Efesios 5:22-33, Juan 13:5). La Biblia también dice que debemos someternos unos a otros (Efesios 5:21). Si usted no adopta los roles dados por Dios que figuran en las Escrituras, se dará cuenta de que su familia no va a funcionar según se suponía y los problemas suelen venir por consecuencia. La Biblia también dice que los esposos deben amar a sus esposas como Cristo amó a la iglesia (Efesios 5:25). En muchos casos, si los esposos amaran a sus esposas de esta manera, sería más fácil para muchas mujeres someterse a ellos.[4]

¿Por qué usar ropa?

Considere por qué usamos ropa. ¿Es para mantener el calor? ¿Y si vivimos en el trópico? ¿Es para verse bien? Si éstas son nuestras únicas razones, ¿por qué usar ropa? ¿Por qué no nos la quitamos cuando queremos y dónde queremos? ¿Realmente importa si uno anda desnudo públicamente? En última instancia, la única razón para insistir en que la ropa se debe usar es una razón moral. Si hay una razón moral, debe tener una base en alguna parte; por lo tanto, debe haber estándares conectados a la razón moral. ¿Cuáles son entonces los estándares? Muchos en nuestra cultura (incluyendo cristianos) simplemente aceptan las modas del momento. Padres, ¿qué pasa con la formación de sus hijos? ¿Qué les dicen a ellos acerca de la ropa?

En su artículo *Greek Clothing Regulations: Sacred and Profane (Reglamento de vestimenta griega: lo sagrado y lo profano)*, Harrianne Mills tiene esto que decir: "Desde la desaparición, hace aproximadamente cien años, de la teoría basada en la Biblia de que la ropa se usa debido a la modestia, los antropólogos interesados en los orígenes y las funciones de la ropa han propuesto diversas teorías"[5]

¿Por qué usamos ropa? Hay una base moral si nos remontamos a las Escrituras. Leemos en Génesis que, cuando Dios hizo a Adán y a Eva, estaban desnudos. Pero el pecado entró en el mundo y el pecado lo distorsiona todo. El pecado distorsiona la desnudez. Inmediatamente Adán y Eva supieron que estaban desnudos y trataron de hacer del-

4. Para más información de los principios bíblicos sobre los roles de hombres y mujeres en el matrimonio y de cómo criar hijos piadosos en el mundo impío, véase Ken Ham y Steve Ham, *Raising Godly Children in an Ungodly World: Leaving a Lasting Legacy,* (cómo criar hijos piadosos en un mundo impío: Cómo dejar un legado duradero), Todd Hillard, editor (Green Forest, AR: Master Books, 2006).
5. Harianne Mills: Greek Clothing Regulations: Sacred and Profane [Reglamento de vestimenta griega: lo sagrado y lo profano], schrift fur Papyrologie und Epigraphie, Band 55, 1984.

antales de hojas de higuera para cubrirse. Dios llegó a su rescate y les proporcionó vestimentas que obtuvo al matar a un animal inocente. Éste fue el primer sacrificio de sangre; que era una cubierta para su pecado.

En un nivel más profundo, Dios les estaba diciendo a Adán y Eva que habría una solución al problema del pecado — solución en aquél que había de venir, que sería el sacrificio final y definitivo. Los israelitas tenían que sacrificar animales una y otra vez, porque, como dice Hebreos 10:4 : "porque la sangre de los toros y de los machos cabríos no puede quitar los pecados." Los humanos no tienen conexión con los animales, sino que fueron hechos a la imagen de Dios. El sacrificio de un animal no puede resolver el problema del pecado; sólo puede apuntar al hecho de que un día habría uno que tendría que morir "una vez para siempre" (Hebreos 10:10). La ropa es un recordatorio del problema del pecado y del hecho de que el primer sacrificio sólo cubría nuestro pecado, pero no podía quitar el pecado. El único que puede quitar el pecado es el Salvador que resucitó, nuestro Señor Jesucristo.

Para los hombres es muy fácil excitarse sexualmente. Es por eso que se ponen mujeres semidesnudas en los anuncios de televisión y revistas. Los padres deben explicarles a sus hijas la facilidad con que un hombre se excita sexualmente por el cuerpo de una mujer. Necesitan saberlo, porque muchas de ellas no entienden lo que les pasa a los hombres. En una iglesia, después de que hablé sobre el tema de la ropa, una joven se acercó y me dijo que era cristiana desde hacía solo seis meses. Ella estaba saliendo con un joven cristiano y la dejaba perpleja que él frecuentemente le pedía que no se pusiera ciertas cosas. Cada vez que ella le preguntaba por qué, a él le daba vergüenza. Ella no se había dado cuenta antes de que lo que se ponía (o no se ponía) pudiera ser una piedra de tropiezo en el camino de un hombre lo cual hacía que él cometiera adulterio en su corazón.

Los padres necesitan explicarles a sus hijas acerca de cómo reaccionan los hombres ante el cuerpo de una mujer. También tienen que explicarles a sus hijos que aunque la ropa de la mujer, o la falta de ella, puede ser una piedra de tropiezo para un hombre, no es una excusa para ellos en relación a lo que hacen sus mentes con lo que ven. Job tenía una respuesta para este problema: "Hice pacto con mis ojos; ¿cómo, pues, había yo de mirar a una virgen?" (Job 31:1). Como cristianos, los hombres deben tener un pacto con sus ojos y acordarse de esto cuando los pensamientos lujuriosos lleguen como resultado de lo que ven o escuchan.

Jesús afirma que si un hombre desea a una mujer en su corazón, él comete adulterio en su corazón: "Pero yo os digo que cualquiera que mira a una mujer para codiciarla, ya adulteró con ella en su corazón" (Mateo 5:28). El pecado distorsiona la desnudez. Incluso la relación perfecta experimentada por Adán y Eva antes de la caída se degeneró. Después de la caída, se escondieron de Dios y se avergonzaron de su desnudez. Muchas mujeres cristianas llevan ropa que acentúa su sexualidad. Y un ojo errante sigue cada movimiento. Pero, ¿qué está sucediendo? Los hombres están cometiendo adulterio en su corazón. Adulterio por el que ellos y las mujeres tendrán que responder.

En muchos hogares cristianos los padres tienen ciertas creencias sobre la ropa. Le dicen a su hija adolescente: "No puedes usar eso."

Las adolescentes responden: "Pero, ¿por qué no?"

"Porque no es algo cristiano", responden los padres.

"¿Por qué no?" Preguntan de nuevo a las adolescentes.

"Porque los cristianas no usan eso", los padres insisten.

"¿Por qué no?", regresa la pregunta.

Entonces frecuentemente se oye que las hijas dicen: "Ustedes son anticuados, mamá y papá". Ellas están diciendo que sus padres tienen una opinión, pero que ellas tienen otra opinión. En su mayor parte, los hijos van a seguir su propia opinión. Sin embargo, no es una cuestión de opinión de los padres o de opinión de los hijos. Los padres de familia para "evitarse momentos bochornosos", a menudo recurren a un legalismo impuesto. ¿Qué diferencia hace cuando los padres usan Génesis como base para explicarles a sus hijos por qué deben hacer esto o aquello en lo que respecta a la ropa, sobre todo si ya capacitaron sólidamente a sus hijos acerca de que Dios es el Creador, que Él pone las reglas, y que Génesis es fundamental para toda la doctrina? Es infinitamente mejor a que los padres digan: "Esto es lo que vas a hacer", y luego impongan esta norma a sus hijos sin ninguna base. Sin embargo, como leemos en Efesios 6:1, "Hijos, obedeced a vuestros padres en el Señor, porque esto es justo." Los hijos deben obedecer a sus padres, y eso no es una cuestión de su opinión tampoco.

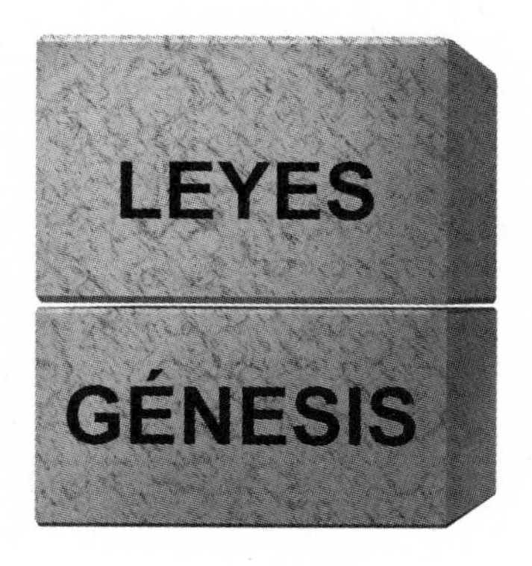

Hay una base moral para el uso de ropa debido a lo que el pecado le ha hecho a la desnudez. Debemos entender cómo se crearon los hombres. El hombre fue diseñado para excitarse sexualmente fácilmente y para responderle a una mujer (su esposa). Esto fue, y es, necesario para la procreación en el matrimonio. Sin embargo, el pecado lo distorsiona y está mal que un hombre mire con lujuria a cualquier otra mujer que no sea su esposa. Por lo tanto, la ropa debe minimizar en lo más posible cualquier piedra de tropiezo colocada en el camino de un hombre. Pero un hombre no es menos culpable si sucumbe a dar una "segunda mirada". Uno no debe simplemente aceptar las modas del momento. Hay una base moral para la ropa; por lo tanto, hay normas. Sabiendo cómo son los hombres y sabiendo lo que el pecado le hace a la desnudez, tenemos una base para comprender cuáles deben ser las normas.

¿Por qué hay ley y moral?

¿Qué les dice a sus hijos acerca de las leyes? Tal vez usted les dice que algunas cosas son buenas y algunas cosas son malas, pero ¿les ha explicado alguna vez el origen del bien y del mal? ¿Diría usted que tenemos el bien y el mal porque Dios nos ha dado leyes? Si es así, ¿por qué es así? ¿Por qué tiene Él el derecho de decir lo que está bien y lo que está mal?

¿Por qué existe el bien y el mal (por ejemplo, los Diez Mandamientos)? Recuerde la historia en Mateo 19:16-17, cuando el hombre se acercó a Jesús y le dijo: "Maestro bueno, ¿qué bien haré para tener la vida eterna? Él le dijo: ¿Por qué me llamas bueno? Ninguno hay bueno sino uno: Dios". ¿Cómo decide uno si algo es correcto o incorrecto, bueno o malo? Dios, el Único que es bueno, nos creó y, por lo tanto, nos posee. Por consiguiente, tenemos una obligación con Él y debemos obedecerle. Él tiene el derecho de establecer las reglas. Él sabe todo lo que hay que saber acerca de todo (es decir, tiene un conocimiento absoluto) y, por lo tanto, tenemos que obedecerle. Es por eso que tenemos absolutos, tenemos normas y existe el bien y el mal.

Ahora, si usted *no* es cristiano y cree que algunas cosas son buenas y otras malas, ¿por qué piensa así? Usted no tiene ninguna base para tal decisión. ¿Cómo llegó a seguir sus normas? ¿Cómo decide lo que es bueno y lo que es malo? La mayoría de los que no son cristianos que creen que existe el bien y el mal practican la ética cristiana.

La filosofía evolucionista atea dice: "No hay Dios. Todo es fruto de la casualidad y el azar. La muerte y la lucha están a la orden del día, no sólo ahora, sino indefinidamente en el pasado y en el futuro". Si esto es cierto, no hay ninguna base para el bien y el mal. Mientras más personas crean en la evolución, más van a decir: "No hay Dios. ¿Por qué debo obedecer a la autoridad? ¿Por qué debe haber reglas en contra de la conducta sexual aberrante? ¿Por qué debe haber normas relativas al aborto? Después de todo, la evolución nos dice que todos somos animales. Así que, matar bebés por medio del aborto no es peor que cortar la cabeza de un pez o de un pollo". *¡Sí importa ya sea si usted cree en la evolución o en la creación! Afecta a todas las áreas de su vida.*

"Porque por medio de la ley es el conocimiento del pecado" (Romanos 3:20)

Este problema se reduce al simple hecho explicado por Pablo en Romanos 3:20: "Porque por medio de la ley es el conocimiento del pecado". En Romanos 7:7 continúa: "Yo no conocí el pecado sino por la ley".

La existencia de Dios no se defiende en las Escrituras en ninguna parte. Este hecho se toma como algo obvio. Quién es Él y lo que Él ha hecho se explica con claridad. Tampoco hay duda en cuanto a Su autoridad soberana sobre Su creación o cómo debe ser nuestra actitud hacia Él como Creador. Él tiene el derecho de establecer las reglas. Tenemos la responsabilidad de obedecer y de regocijarnos en Su bondad, o podemos desobedecer y sufrir Su juicio.

Adán, el primer hombre, hizo esta elección. Eligió rebelarse. El pecado es rebelión contra Dios y Su voluntad. Génesis nos dice que este primer acto de rebelión humana tuvo lugar en el jardín del Edén.

Para entender de lo que se trata el pecado, que toda la humanidad es pecadora, y cómo reconocer el pecado, Dios nos dio la Ley. Él tenía el derecho y el interés amoroso de hacerlo. Él es el Creador, y Su carácter no permite nada menos. Todopoderoso, amoroso, lleno de gracia, Él ha establecido las reglas para nosotros por las que debemos vivir si nuestras vidas se desarrollan de la manera que deberían. Como dice Pablo en Romanos 7:7: "Porque tampoco conociera la codicia, si la ley no dijera: No codiciarás".

La Biblia enseña claramente que cada ser humano es un pecador, en un estado de rebelión contra Dios. Inicialmente, se dio la Ley, como Pablo lo afirma, para explicar el pecado. Pero, saber sobre el pecado no era una solución al problema del pecado. Se necesitaba más. El Creador no se había olvidado de Su compromiso y del amor a Su creación, pues Él estableció el pago y Él pagó el precio, Él mismo. El Hijo de Dios, el Señor Jesucristo, que es Dios, sufrió la maldición de la muerte en una cruz y se hizo pecado por nosotros, para que Dios pudiera derramar Su juicio sobre el pecado. Pero, al igual que todos mueren en Adán, así todos los que creen en la muerte expiatoria y la resurrección de Cristo viven en Él.

Los que se oponen al Creador se oponen a Aquél que es la absoluta autoridad, el que establece las reglas y las mantiene.

En el Libro de Jueces se afirma: "En aquellos días no había rey en Israel; cada uno hacía lo que bien le parecía" (Jueces 17:6). No hay mucha diferencia con la gente hoy en día. Quieren que se enseñe la evolución como un hecho y quieren que se desaparezca la creencia en la creación porque ellos también quieren ser una ley para sí mismos. Ellos quieren mantener la naturaleza rebelde que han heredado de Adán, y no van a aceptar la autoridad de Aquél que, como Creador y dador de la ley, tiene el derecho de decirles exactamente lo que deben hacer.

Esto es realmente de lo que se trata este conflicto entre la creación y la evolución. ¿Tiene Dios el Creador el derecho de decirle a una persona lo que debe hacer con su vida? O bien, ¿puede el hombre decidir por sí mismo lo que quiera hacer sin sufrir las consecuencias? Éstas no son preguntas retóricas. Su propia naturaleza exige una respuesta de cada persona. Por lo tanto, todo se reduce a si el hombre es o no es autónomo y, por lo tanto, puede decidir todo por sí mismo; o si es propiedad de Dios. La mayoría quiere ser autónomo y cree que puede actuar de acuerdo a sus propios deseos y entendimiento. Pero, el hombre no es autónomo, y allí es donde se arrecia la batalla.

La Biblia nos dice que los que confían en el Señor, y en los que mora el Espíritu Santo, mostrarán el fruto del Espíritu: "amor, gozo, paz, paciencia, benignidad, bondad, fe, mansedumbre, templanza" (Gálatas 5:22–23). En los que no mora el Espíritu de Dios y rechazan al Dios de la creación, se reflejará el fruto de este rechazo: "adulterio, fornicación, inmundicia, lascivia, idolatría, hechicerías, enemistades, pleitos, celos, iras, contiendas, disensiones, herejías, envidias, homicidios, borracheras, orgías, y cosas semejantes a estas"(Gálatas 5:19–21). La Biblia dice claramente que las raíces corruptas dan malos frutos. La pornografía, el aborto, la homosexualidad, la anarquía, la eutanasia, el infanticidio, la moral disoluta, la infidelidad en el matrimonio y otras cosas similares, prácticas que se están convirtiendo cada vez más frecuentes en la sociedad actual, son sin duda fruto de las raíces corruptas. Son las raíces corruptas de la evolución firmemente arraigadas en el abono del pensamiento humanista.

La evolución es una religión anti-Dios apoyada por muchas personas hoy en día como la justificación de su continua búsqueda de la autogratificación y su rechazo de Dios como Creador.

Muchos hoy en día no aceptarán que son pecadores. No quieren aceptar que deben inclinar sus rodillas ante el Dios de la creación. No quieren aceptar que hay alguien que tiene autoridad sobre ellos con el derecho a decirles qué hacer.

Incluso muchos en nuestras iglesias no entienden lo que quiere decir cuando al hombre se le describe como "pecaminoso". Muchos predicadores (incluso muchos de los que se consideran evangélicos) piensan que la definición del pecado puede limitarse a cosas tales como el adulterio, el alcoholismo, la adicción a la heroína, la desnudez, las películas clasificadas X y las malas palabras. Sin embargo, el pecado no se detiene aquí. Debemos entender que el pecado afecta a todas las áreas de nuestras vidas. El pecado tiene una influencia en todos los aspectos de nuestra cultura. Debemos entender que el pecado impregna todo nuestro pensamiento y, por lo tanto, afectará a todo el conjunto de nuestras acciones. Jesús dijo: "Porque del corazón salen los malos pensamientos, los homicidios, los adulterios, las fornicaciones, los hurtos, los falsos testimonios, las blasfemias" (Mateo 15:19).

Debemos entender que Dios es el Creador y Dador de la ley, y que todos los seres humanos debemos arrodillarnos en sumisión a Él. Que llegará un momento en que todos lo van a hacer como lo registró claramente Pablo en Filipenses 2:10-11: "Para que en el nombre de Jesús se doble toda rodilla de los que están en los cielos, y en la tierra, y debajo de la tierra; y toda lengua confiese que Jesucristo es el Señor, para gloria de Dios Padre".

La Palabra de Dios (la Palabra infalible del perfecto Creador) tiene que ser la base de nuestro pensamiento. Dios, el Creador, es el que proporciona el modelo para las relaciones humanas felices y estables. Si se atiende Su Palabra, Él provee la base para una verdadera filosofía cristiana para todas las áreas de la existencia humana, como la agricultura, la economía, la medicina, la política, la aplicación de la ley, las artes, la música, las ciencias, las relaciones familiares; todos los aspectos de la vida. En otras palabras, hay un modo de pensar cristiano completo. Hay principios bíblicos fundamentales que rigen todas las áreas de la vida. El Creador no ha dejado a Sus criaturas sin un manual de instrucciones.

"La suma de tu palabra es verdad" (Salmos 119:160)

El rechazo del hombre a Dios como Creador (al no comenzar con Su Palabra como base de pensamiento para toda área y al no someterse a Él) ha dado lugar a los problemas que tenemos en la sociedad. Lamentablemente esto fue resaltado en la reciente serie de anuncios de las principales cadenas comerciales, donde se incluía de manera destacada a parejas del mismo sexo. Una serie de importantes cadenas de tiendas en Estados Unidos y en todo el mundo, han comenzado a destacar a las parejas del mismo sexo con el fin de mostrar su aceptación del estilo de vida homosexual y para atraer a las personas que viven ese estilo de vida. Un representante comercial dijo acerca de la publicidad para parejas del mismo sexo de las tiendas, "Intentan crear una representación moderna de la familia. Esto refleja [los valores de] una audiencia más grande y más en boga de lo que uno podría creer". Estas tiendas han convertido al hombre en la autoridad en cuanto a los valores morales, específicamente en cuanto a lo que constituye la familia; por lo tanto, la idea que ellos tienen en cuanto a lo que constituye la familia moderna está completamente apartada de lo que la Escritura enseña. Por supuesto que todo esto es solo el reflejo de cómo la cultura en general considera a la palabra de Dios.

El rechazo del hombre hacia Dios como Creador (no empieza con Su Palabra como base para pensar en todas las áreas y no se somete a Él) ha dado como resultado los problemas que tenemos en la sociedad. Esto se resaltó dolorosamente en una carta al editor de un periódico australiano. Al parecer, se le pidió a un periódico del país que colocara un anuncio solicitando una pareja casada para hacer trabajo agrícola. Se les dijo que no se podía imprimir un anuncio que tuviera las palabras, "pareja casada". Al parecer el problema era por "discriminación". El término "pareja casada" se tuvo que sustituir por "dos personas". ¡No importaba cuáles dos personas solicitaran el trabajo! La pregunta: ¿Bajo qué autoridad no se puede imprimir?" La respuesta: "La Comisión de Derechos Humanos". El autor de la carta estaba justificadamente horrorizado. Sin embargo, este incidente es el fruto del pensamiento evolucionista, y sólo podemos esperar que casos similares vayan en aumento

"Abre mis ojos, y miraré" (Salmo 119:18)

Los cristianos preocupados y convencidos deben orar para que el Señor ponga en claro a todo el mundo la dirección aterradora a la que se dirige la rebelión del hombre. Los cristianos necesitan establecer firmemente el hecho de que Dios es el Creador y que Él nos ha dado Su ley. Tenemos que reconocer lo que es el pecado y cuáles son los resultados de una existencia pecaminosa. Tenemos que proclamar la liberación del pecado por medio de la fe en Jesucristo. Aparte de esto, no se rectificará la situación. Un ataque a fondo al pensamiento evolucionista posiblemente sea la única esperanza real que tienen nuestras naciones de rescatarse a sí mismas de una inevitable catástrofe social y moral.

No es fácil para cualquier ser humano reconocer que si hay un Creador debemos estar en sumisión a Él. Sin embargo, no hay alternativa. El hombre debe reconocer que está en rebelión contra Aquél que lo creó. Sólo entonces el hombre entenderá la ley, entenderá lo que es el pecado, y entenderá los pasos necesarios para lograr el cambio en las vidas individuales que en última instancia pueden efectuar los cambios en la sociedad.

Mientras más rechace nuestra sociedad la base de la creación y las leyes de Dios, más se va a degenerar espiritual y moralmente. Esto ha ocurrido muchas veces a lo largo de la historia y debe presentarse como una advertencia. Consideremos un ejemplo de hoy en día.

También quiero desafiar a aquellos cristianos que re-interpretan Génesis y así hacerlo encajar en las ideas evolucionistas y/o de los "millones de años" (ej., la evolución teísta; la teoría de la "brecha"; la teoría de considerar los días como eras; la hipótesis del marco; la creación progresiva, etc). Si la gente adopta las creencias de los científicos seculares (ej., millones de años y creencias evolucionistas) y reinterpretan las palabras claras de la Escritura, no debiera sorprender que aquellos sobre los cuales ellos influyen adopten la moral del hombre (ej., el matrimonio homosexual) y reinterpreten la enseñanza clara de la Biblia. Por desgracia, generaciones de niños han crecido en una iglesia que en gran medida transa lo que la Palabra enseña y que les ha enseñado a que comiencen a pensar fuera de las Escrituras y reinterpreten el Génesis. Cuando su punto de partida está fuera de la Escritura y reinterpretan la moralidad, sólo están siendo consecuentes según ellos.

También quiero aclarar un punto importante. No hay duda de que la creciente aceptación de la evolución y/o los millones de años ha ido de la mano con una creciente aceptación del matrimonio homosexual y otras cuestiones, todo lo cual contribuye a un rechazo de la moralidad bíblica. Pero la evolución y/o los millones de años no son la causa de tal suceso. Es obvio que el pecado es la causa última por la que las personas rechazan la Palabra de Dios. Sin embargo, la enseñanza acerca de la evolución y/o los millones de años ha contribuido a aumentar las dudas acerca de la veracidad de la Palabra de Dios, sobre todo en el Génesis, lo que lleva a caer por el el resbaladero de la incredulidad a través de toda la Escritura. Cuanto más el hombre rechace la Palabra de Dios como la autoridad absoluta, más se endurecerá y rechazará la moralidad de la Biblia, lo que llevará al aumento del relativismo moral — que es exactamente lo que está sucediendo hoy en día.

Las consecuencias de rechazar a Dios y Sus absolutos

Unos misioneros fueron enviados a Nueva Guinea porque había muchos de los que llamaban pueblos paganos y primitivos allí. Se cuenta la historia de una tribu caníbal, que ha dejado ya de ser caníbal. Anteriormente, los hombres corrían a una aldea, agarraban a un hombre por el pelo, lo halaban hacia atrás, se tensaban sus músculos abdominales, utilizaban un cuchillo de bambú para cortar el abdomen, sacaban sus intestinos, le cortaban los dedos, y cuando todavía estaba vivo, se lo comían hasta que moría. La gente escucha eso y dice: "¡Qué salvajes primitivos! "No son salvajes "primitivos"; su antepasado fue un hombre llamado Noé. El ancestro de los indios fue un hombre llamado Noé; el ancestro de los esquimales fue un hombre llamado Noé; y nuestro ancestro fue un hombre llamado Noé. Noé tenía el conocimiento de Dios y podía construir barcos. Sus ancestros podían hacer instrumentos musicales y practicaban la agricultura. Lo que pasó con los nativos de Nueva Guinea es que, en algún momento en la historia (como nos dice Romanos 1), rechazaron el conocimiento de Dios y Sus leyes. Y Dios los entregó a cosas necias, perversas y degeneradas.[6]

Sin embargo, esta misma degeneración (este mismo rechazo a las leyes de Dios) se puede ver en las llamadas naciones civilizadas que cortan en pedazos a la gente viva durante todo el año (un millón y medio de ellos en los Estados Unidos cada año), y es legal.[7] De esto se trata el aborto, de cortar gente y sacarle las partes y pedazos. Las llamadas "tribus primitivas" tuvieron ancestros que una vez conocieron al verdadero Dios y Sus leyes. Como ellos rechazaron el verdadero Dios de la creación, su cultura se degeneró en cada área. Mientras más rechacen al Dios de la creación nuestras llamadas "naciones civilizadas", más se van a degenerar para llegar a ser una "cultura primitiva". Por consiguiente, una cultura no se debe interpretar en función de si es primitiva o avanzada (como se presupone por la escala evolutiva), sino que todos los aspectos de su cultura se deben juzgar en contra de las normas de la Palabra de Dios. ¿Su nación da la talla?

---

6. Aunque la mayoría de los antropólogos niegan que hubiera o que haya caníbales en Nueva Guinea, esta historia y otras fueron relatadas por misioneros que habían pasado la mayor parte de su vida en ese país. Hay una serie de libros publicados que documentan historias de canibalismo en Nueva Guinea, por ejemplo, *Headhunter (Cazador de cabezas)*, (Sydney, Australia: Anzea Publishers, 1982).
7. De acuerdo con the National Right to Life [el Derecho Nacional a la Vida], que toma sus estadísticas del Center for Desease Control (CDC) [Centro para el Control de Enfermedades] y el Instituto Guttmacher, ha habido 54,559,615 abortos *en los Estados Unidos solamente* desde *Roe v. Wade* en 1973. Para http:// www.nrlc.org/ Factsheets/FS03_AbortionInTheUS.pdf.

Capítulo 7

La Muerte: Una maldición y una bendición

HAY UNA FORMA FÁCIL DE entender la razón por la que existe la muerte y el sufrimiento en un mundo creado por un Dios de amor. La evolución (muerte por millones de años) destruye los cimientos del mensaje de la cruz.

¿Por qué existe el pecado y la muerte?

Supongamos que alguien se acerca a usted y le dice: "Ustedes, los cristianos dicen que necesitamos a Jesucristo y que tenemos que confesar nuestros pecados. ¿Pecado? ¿Por qué necesitamos a Cristo realmente? Además, Dios no puede ser quien dice ser. Si Él es, como usted dice, un Dios de amor, mire toda la muerte y el sufrimiento en el mundo. ¿Cómo puede ser posible?"¿Qué le diría?

El evangelio, el pecado y la muerte

¿Cuál es el mensaje del evangelio? Cuando Dios creó al hombre, Él lo hizo perfecto. Él hizo a las primeras dos personas, Adán y Eva, y los puso en el jardín de Edén donde tenían una relación especial y muy hermosa con Dios. Cuando Él los hizo, les dio a elegir. Él quería su amor, no como una respuesta programada, sino como un

acto razonado. Eligieron rebelarse contra Dios. A esta rebelión se le llama pecado. Todo pecado viene bajo la bandera de la rebelión contra Dios y Su voluntad.

Como resultado de esa rebelión en el Edén, sucedió una serie de cosas. En primer lugar, el hombre fue separado de Dios. A esa separación se le llama muerte espiritual. Por sí solo, el efecto final de esto hubiera sido vivir para siempre en nuestros cuerpos pecaminosos, eternamente separados de Dios. ¡Imagínese vivir con Hitler y Stalin para siempre! Imagine vivir en un estado incorregible y pecaminoso por la eternidad. Pero algo más sucedió. Romanos 5:12 nos dice que, como resultado de las acciones del hombre, entró el pecado; y, como resultado del pecado, entró la muerte; pero no sólo la muerte espiritual, como lo afirman algunos teólogos. Para confirmar esto, uno sólo necesita leer 1 Corintios 15:20 donde Pablo habla de la muerte física del *primer Adán y* la muerte física de Cristo, el *último Adán*. O lea Génesis 3, donde Dios expulsó a Adán y Eva del jardín de modo que no comieran del árbol de la vida y vivieran por siempre. La muerte física y la muerte espiritual fueron el resultado de su pecado.

¿Cuál es la naturaleza de esta muerte? En un intento por minimizar el relato histórico de Adán, muchos líderes cristianos quieren dar explicación a las primeras referencias de la Biblia a la muerte. Pero la Biblia es clara. La muerte que entró en la raza humana no fue sólo muerte espiritual (separación de Dios), sino también muerte física.

En Genesis 2:7 leemos de dónde provino la vida: "Entonces Jehová Dios formó al hombre del polvo de la tierra, y sopló en su nariz aliento de vida, y fue el hombre un ser viviente." El juicio de Dios sobre el pecado quitó aquella vida: "Con el sudor de tu rostro comerás el pan hasta que vuelvas a la tierra, porque de ella fuiste tomado; pues polvo eres, y al polvo volverás" (Génesis 3:19). Esta definición de la muerte como "retorno al polvo" se confirma en el Nuevo Testamento, cuando Pablo escribe: "El primer hombre es de la tierra, terrenal; el segundo hombre, que es el Señor, es del cielo... Y así como hemos traído la imagen del terrenal ..." (1 Corintios 15:47, 49). El libro de Job también se refiere a la muerte de esta manera: "Y el hombre volvería al polvo." (Job 34:15).

Un líder de la iglesia una vez me dijo algo así como: "Creo que el paso de polvo-a-Adán representa la evolución de molécula-a-hombre". Respondí entonces, "Bueno, ¿qué quiere decir la Biblia cuando dice que la costilla de Adán se 'convirtió' en Eva (Génesis 2:21-22)"?

¿Por qué envió Dios a la muerte? Se deben considerar cuidadosamente tres aspectos de la muerte:

1. Dios, como un juez justo, no puede contemplar el pecado. Debido a Su propia naturaleza y la advertencia que le dio a Adán, Dios tuvo que juzgar el pecado. Él le había advertido a Adán que si comía del árbol de la ciencia del bien y del mal: "...el día que de él comieres, ciertamente morirás". La maldición de la muerte que fue puesta sobre el mundo fue, y es, un juicio justo y justificado de Dios, que es el juez. La muerte es una intrusión en la creación de una vez "muy buena". De hecho, la Biblia llama muerte el "último enemigo":

> El postrer enemigo que será destruido es la muerte (1 Corintios 15:26).

En el libro de Apocalipsis, se nos dice que la muerte será arrojada al lago de fuego cuando finalmente se quite la maldición de la muerte:

> Y la muerte y el Hades fueron lanzados al lago de fuego. Esta es la muerte segunda. (Apocalipsis 20:14).

2. Uno de los aspectos de la rebelión del hombre fue la separación de Dios. La pérdida de un ser querido por medio de la muerte muestra la tristeza de la separación entre los que se quedan y el que

ha partido de este mundo. Si consideramos lo triste que es cuando un ser querido muere, debería recordarnos de las terribles consecuencias del pecado que separaban a Adán de la relación perfecta que tuvo con Dios. Esta separación involucró a toda la humanidad, porque Adán pecó como representante de todos.

3. Otro aspecto de la muerte que mucha gente no ve es que Dios envió la muerte porque Él nos amó mucho. Dios es amor, y por extraño que pueda parecer, realmente deberíamos alabarlo por esa maldición que puso en nosotros. No era la voluntad de Dios que el hombre fuera apartado de Él por la eternidad. Imagine vivir en un estado pecaminoso por la eternidad, separados de Dios. Pero Él nos amó demasiado para eso, e hizo algo muy maravilloso. Al poner en nosotros la maldición de la muerte física, Él proporcionó una manera de redimir al hombre de nuevo a Sí mismo. En la persona de Jesucristo, Él sufrió la maldición de la cruz por nosotros. Él probó la muerte por cada hombre (Hebreos 2:9). Por medio de Sí mismo al convertirse en el sacrificio perfecto por nuestro pecado de rebelión, Él venció a la muerte. Él tomó el castigo que justamente debería haber sido nuestro en manos de un juez justo, y lo soportó en Su cuerpo en la cruz.

A todos los que creen en Jesucristo como su Señor y Salvador, Dios los recibe de regreso para pasar la eternidad con Él. ¿No es un mensaje maravilloso? Ese es el mensaje del cristianismo. El hombre perdió su posición especial por medio del pecado y, como resultado, Dios puso Él sobre la maldición de la muerte para que pudiera ser redimido de regreso a Dios. ¡Qué maravilloso lo que hizo Dios! Cada vez que celebramos la Cena del Señor, recordamos la muerte de Cristo y el horror del pecado. Cada día del Señor nos regocijamos en la resurrección de Cristo y, por lo tanto, la conquista del pecado y de la muerte.

Pero la evolución destruye la base misma de este mensaje de amor. Se supone que el proceso evolutivo es de muerte y de lucha, crueldad, brutalidad e impiedad. Es una lucha espantosa por la supervivencia, la eliminación de los débiles y deformes. Esta es la base de la evolución; muerte, derramamiento de sangre, y lucha para llevar al hombre a la existencia. Muerte por millones de años. Se trata de un "avance" hacia adelante y hacia arriba que conduce al hombre. Sin embargo, ¿qué dice la Biblia en Romanos 5:12? Las acciones del hombre lo llevaron a pecar, lo que lo llevó a la muerte. La Biblia nos dice que sin

el derramamiento de sangre no hay remisión de los pecados (Hebreos 9:22). Dios instituyó la muerte y el derramamiento de sangre para que el hombre pudiera ser redimido. Si la muerte y el derramamiento de sangre hubieran existido antes de que Adán pecara, se destruiría la base de la expiación.

Los evolucionistas dirían que la muerte y la lucha hicieron posible la existencia del hombre. La Biblia dice que las acciones rebeldes del hombre lo llevaron a la muerte. Ambas declaraciones no pueden ser verdaderas. Una niega la otra, son diametralmente opuestas. Es por eso que los que afirman mantener las dos posiciones al mismo tiempo (los evolucionistas teístas) están destruyendo la base del evangelio. Si la vida se formó en una "progresión" incesante, ¿cómo es que el hombre cayó pero va para arriba? ¿Qué es el pecado? Entonces el pecado sería una característica heredada de los animales, no sería algo debido a la caída del hombre por su desobediencia. Los muchos cristianos que aceptan la creencia de la evolución y le agregan a Dios destruyen la base misma del mensaje del evangelio que profesan creer.

En una iglesia, un hombre se acercó a mí e insistió en que un cristiano puede creer en la evolución. Ya que había pasado un tiempo considerable durante el servicio demostrando que la Biblia enseña que no hubo muerte antes de la caída, le pregunté si él creía que hubo muerte antes de que Adán cayera. En un tono de enojo, me preguntó: "¿Usted le pega a su esposa?" Esto me tomó un poco por sorpresa, y yo no estaba muy seguro de lo que él quería expresar; así que le pregunté qué quería decir con eso. Me preguntó de nuevo: "¿Usted le pega a su esposa?" luego se fue. La vida está llena de experiencias interesantes en el camino de la predicación. Sin embargo, estuve pensando en los comentarios de este hombre por mucho tiempo y luego me di cuenta, después de hablar con un psicólogo, de que hay un tipo de pregunta que se puede hacer y sin importar si la respuesta es sí o no, uno queda atrapado. En realidad, lo que este hombre debería haberme preguntado es: "¿Ha dejado de pegarle a su esposa?" Si la respuesta es sí o no, usted estaría admitiendo que le pega a su esposa. En relación con el tema de la muerte y de la caída de Adán, si el hombre hubiera respondido afirmativamente: "Sí, hubo muerte antes de la caída de Adán," estaría admitiendo una creencia en algo que contradice a la Biblia. Si hubiera respondió que no, entonces él estaría negando la evolución. De cualquier manera, él estaba mostrando que uno no puede agregarle la evolución a la Biblia. Estaba atrapado, y él lo sabía.

En este punto tengo que declarar enfáticamente que no estoy diciendo que si usted cree en la evolución entonces usted no es cristiano. Hay muchos cristianos que, por diversas razones (ya sea se trate de ignorancia de lo que enseña la evolución, orgullo o una visión liberal de las Escrituras), creen en la evolución. Los que creen en la evolución están siendo inconsistentes y, en realidad, están destruyendo las bases del mensaje del evangelio. Por lo tanto, les suplicaría que consideren seriamente la evidencia en contra de su postura.

Incluso los ateos se dan cuenta de la inconsistencia de los cristianos que creen en la evolución, como se ve en una cita de un artículo de G. Richard Bozarth titulado *The Meaning of Evolution, (El significado de la evolución).*

> El cristianismo está, y debe estar, totalmente comprometido con la creación especial, como se describe en Génesis; y el cristianismo debe luchar con toda su fuerza, a como dé lugar, en contra de la teoría de la evolución... Queda claro ahora que toda la justificación de la vida y la muerte de Jesús, se predice en la existencia de Adán y la fruta prohibida que él y Eva comieron. Sin el pecado original, ¿quién necesitaría

> ser redimido? Sin la caída de Adán a una vida de pecado constante que terminaría en la muerte, ¿qué propósito habría para el cristianismo? Ninguno.[1]

El ateo Jacques Monod (conocido por sus contribuciones a la biología molecular y la filosofía), dijo en una entrevista titulada "La vida secreta", emitida por la Australian Broadcasting Commission (Comisión de Radiodifusión de Australia) el 10 de junio de 1976, como un homenaje a él:

> La selección es la forma más ciega y más cruel de evolución de nuevas especies, y de organismos cada vez más complejos y refinados... la más cruel, porque es un proceso de eliminación, de destrucción. La lucha por la vida y la eliminación de los más débiles es un proceso horrible, contra el cual se centran todas nuestras éticas modernas. Una sociedad ideal es una sociedad no selectiva, es una donde los débiles están protegidos; que es exactamente lo contrario de la supuesta ley natural. *Me sorprende que un cristiano defendiera la idea de que este sea el proceso que Dios más o menos estableció con el fin de dar lugar a la evolución*" (el énfasis es mío).[2]

> Es probable que si estás leyendo esto, no creas en la fábula de Adán y Eva y la serpiente que habla. . . . Es fruta literalmente, lo que dio como resultado la expulsión de él y de Eva del idílico jardín del Edén.
>
> En otras palabras, tú sabes que esto es un mito.
>
> ¿Correcto hasta ahora? Así que, si Adán y Eva y la serpiente que habla son mitos, entonces el pecado original es también un mito, ¿verdad? Piensa ahora en esto. . . .
>
> - El propósito principal de Jesús fue salvar a la humanidad del pecado original.

1. G. Richard Bozarth, "The Meaning of Evolution", *American Atheist* (El significado de la evolución, El ateo americano), febrero de 1978, p. 30.
2. Jacques Monod, entrevista con Laurie John, Australian Broadcasting Co., 10 de junio de 1976, citado en Henry M. Morris, *That Their Words May Be Used Against Them* (Green Forest, AR: Master Books, 1997), p. 417.

> • Sin pecado original, todo el "marketing" que se hace acerca de que todos son pecadores y por lo tanto deben aceptar a Jesús, se convierte en algo discutible.
>
> Sin Adán y Eva, no hay necesidad de un salvador. Por lo tanto, no se puede confiar en la Biblia como fuente de verdad infalible y literal; por lo contrario, es absolutamente no confiable, ya que todo comienza con un mito en base al cual se construye todo lo demás. Sin la caída del hombre, no hay necesidad de expiación ni de un redentor. Eso lo sabes.[3]

¡Las declaraciones anteriores muestran en realidad que muchos ateos reconocen mejor que algunos cristianos la necesidad de un Adán y Eva literales y una caída literal para la existencia del evangelio!

El pecado original, con la muerte como resultado de ello, es la base del evangelio. Es por eso que Jesucristo vino y es de lo que se trata el evangelio. Si el primer Adán solamente fuera una figura alegórica, entonces, ¿por qué no lo sería el último Adán (1 Corintios 15:45-47), Jesucristo? Si el hombre realmente no hubiera pecado, no habría necesidad de un Salvador. La evolución destruye los cimientos del cristianismo mismo, ya que dice: "La muerte es, y siempre ha sido, parte de la vida". Digamos que usted vive en un rascacielos, y si hubiera gente debajo de ese rascacielos con una taladradora quitando los cimientos, ¿diría usted: "Y qué"? Eso es lo que muchos cristianos están haciendo. Están siendo bombardeados con la evolución a través de los medios de comunicación, el sistema de educación pública, la televisión y los periódicos; y sin embargo, rara vez reaccionan. Los cimientos del "rascacielos" del cristianismo están siendo erosionados por las "taladradoras" de la evolución. Pero, dentro del rascacielos, ¿qué están haciendo muchos de los cristianos? O bien están sentados sin hacer nada o están regalando taladradoras diciendo: "¡Aquí tienen unas cuantas más! ¡Vayan a destruir nuestros cimientos!"

Peor aún, los evolucionistas teístas (los que creen en la evolución y en Dios) están ayudando activamente a socavar la base del evangelio. Como el salmista pregunta: "Si fueren destruidos los fundamentos, ¿qué ha de hacer el justo?" (Salmo 11:3). Si se destruye la base del

3. "Christmas," American Atheists, http://atheists.org/content/christmas.

evangelio, la estructura construida sobre esos cimientos (la Iglesia cristiana) colapsará grandemente. Si los cristianos desean preservar la estructura del cristianismo, deben proteger sus cimientos y por lo tanto oponerse activamente a la evolución.

Hay muchos cristianos que dirán que no creen en la evolución, porque entienden que si lo hicieran, sus creencias estarían en conflicto con el relato de Adán y Eva de la Biblia. Sin embargo, muchos cristianos dirán que ellos sí creen en millones de años, pues aseguran que, aunque es importante no creer en la evolución como tal, no importa lo que uno crea acerca de la edad de la tierra.

¿Puede alguien creer en la tierra y un universo de millones o billones de años de antigüedad y aun así ser cristiano?

En primer lugar, veamos tres versículos que resumen el evangelio y la salvación. 1 Corintios 15:17 dice: "Y si Cristo no resucitó, vuestra fe es vana; aún estáis en vuestros pecados". Jesús dijo en Juan 3:3, "De cierto, de cierto te digo, que el que no naciere de nuevo, no puede ver el reino de Dios". Romanos 10:9 explica con claridad "Que si confesares con tu boca que Jesús es el Señor, y creyeres en tu corazón que Dios le levantó de los muertos, serás salvo".

Se pueden citar otros muchos pasajes, pero ninguno de ellos afirma en modo alguno que alguien tenga que creer en una tierra o universo joven para ser salvo. Y la lista de aquellos que no entrarán en el reino de Dios, registrado en pasajes como Apocalipsis 21:8, ciertamente no incluye los que creen en una "tierra vieja."

Grandes hombres de Dios que están ahora con el Señor creyeron en una tierra vieja. Algunos de estos hombres explicaron la clara enseñanza de la Biblia acerca de una tierra joven mediante la adopción de la clásica teoría de la brecha . Otros aceptaron la teoría de la alternancia día-era o posiciones tales como la evolución teísta, la hipótesis del marco y la creación progresiva.

La Escritura simplemente enseña que la salvación está condicionada a la fe en Cristo, sin considerar lo que uno cree acerca de la edad de la Tierra o el universo.

Ahora, cuando digo esto, a veces la gente asume entonces que no importa lo que un cristiano crea en relación con la supuesta edad de millones de años de la tierra y el universo. Aunque no sea un asunto relacionado con la salvación, el creer que la historia de la

Tierra abarca millones de años tiene consecuencias muy graves. Voy a resumir algunas de ellas.

El Asunto de la Autoridad

La creencia en millones de años no viene de la Escritura, sino de métodos falibles que los secularistas utilizan para fechar el universo.

Para hacer encajar la teoría de los millones de años en la Biblia, se requiere inventar una brecha de tiempo, lo cual, de acuerdo con casi todos los estudiosos de la Biblia, el texto no admite- al menos desde la perspectiva hermenéutica.; o bien se tienen que reinterpretar los días de la creación como largos períodos de tiempo (a pesar de que en el contexto de Génesis 1, son evidentemente días normales). En otras palabras, hay que añadir un concepto (los millones de años) a la Palabra de Dios desde fuera de ella. Este enfoque le da más autoridad a las ideas falibles del hombre que a la Palabra de Dios.

En cuanto menoscabemos la autoridad de la Biblia en un área, abrimos una puerta para hacer lo mismo en otras áreas. Una vez que se abre la puerta de la "adaptación o arreglo", aunque sea sólo un poco, las generaciones posteriores la abrirán por completo. Después de todo, esta adaptación ha sido un factor importante que ha contribuido a la pérdida de la autoridad bíblica en nuestro Mundo Occidental.

La iglesia debe prestar atención a la advertencia de Proverbios 30:6: "No añadas a sus palabras, para que no te reprenda, Y seas hallado mentiroso".

El Asunto de la Contradicción

El que un cristiano crea en el concepto de millones de años, contradice totalmente la clara enseñanza de la Escritura. Éstos son sólo tres ejemplos.

Espinos. Se encuentran fósiles de espinos en las capas de roca que, según los laicos, tienen cientos de millones de años de antigüedad, lo que significa que supuestamente pasaron millones de años antes de que apareciera el hombre. Sin embargo, la Biblia deja en claro que los espinos aparecieron después de la maldición: "Y al hombre dijo: Por cuanto . . . comiste del árbol de que te mandé diciendo: No comerás de él; maldita será la tierra por tu causa. . . . Espinos y cardos te producirá, y comerás plantas del campo" (Génesis 3:17-18).

Enfermedad. Los restos fósiles de animales que según los evolucionistas tienen millones de años de edad, muestran evidencia de enfermedades (como cáncer, tumores cerebrales y artritis). Si estos restos fósiles tuviesen verdaderamente millones de años, entonces deberíamos concluir que este tipo de enfermedades supuestamente existieron millones de años antes del pecado. Sin embargo, la Escritura enseña que después de que Dios creó todo y puso al hombre como pináculo de la creación, describe la creación como "buena en gran manera" (Génesis 1:31). Ciertamente, llamar al cáncer y a los tumores cerebrales "bueno en gran manera" no encaja con la Escritura ni con el carácter de Dios.

Dieta. La Biblia enseña claramente en Génesis 1:29-30 que Adán y Eva y los animales eran todos vegetarianos antes de que el pecado entrara en el mundo. Sin embargo, nos encontramos con evidencia fósil que muestra que los animales se comían entre sí. Los evolucionistas afirman que estos fósiles tienen supuestamente millones de años, es decir, los animales aparentemente se comían unos a otros antes de la aparición del hombre y por lo tanto antes del pecado. La Escritura, sin embargo, indica claramente que la muerte de los animales y la carnivoría no entró en el mundo hasta después de la Caída.

El Asunto de la Muerte Humana y Animal

Romanos 8:22 deja en claro que la creación entera gime como consecuencia de la caída — la entrada del pecado. Una de las razones de este gemido es la muerte — la muerte de los seres vivos, tanto animales como humanos. La muerte se describe como un enemigo (1 Corintios 15:26) que creará problemas a la creación hasta el día en que sea lanzada en el lago de fuego.

Romanos 5:12 y otros pasajes dejan en claro que la muerte física del hombre (y en realidad, la muerte en general) entró en la una vez perfecta creación a causa del pecado del hombre. Sin embargo, si alguien cree que el registro fósil se fue formando durante millones de años, entones, la muerte, la enfermedad, el sufrimiento, la actividad carnívora y los espinos existían millones de años antes del pecado.

La primera muerte ocurrió en el jardín del Edén, cuando Dios mató a un animal como el primer sacrificio de sangre (Génesis 3:21) — una imagen de lo que estaba por venir en Jesucristo, el Cordero de Dios, quien quitaría el pecado del mundo. Jesucristo entró en la historia para pagar la pena del pecado y así vencer a nuestro enemigo, la muerte.

Al morir en la cruz y resucitar de entre los muertos, Jesús venció a la muerte y pagó el castigo por el pecado. Aunque la idea de que la muerte haya existido millones de años antes del pecado no sea un asunto de salvación en sí, yo personalmente creo que es realmente un ataque a la obra de Jesús en la cruz.

Reconocer que la obra de Cristo en la cruz venció a nuestro enemigo, la muerte, es crucial para entender las buenas nuevas del evangelio: "Enjugará Dios toda lágrima de los ojos de ellos; y ya no habrá muerte, ni habrá más llanto, ni clamor, ni dolor; porque las primeras cosas pasaron" (Apocalipsis 21:4).

Algunos cristianos afirman que la muerte de la que se habla en Romanos 5:12 sólo se aplica al hombre y no a los animales. Dicen que mientras se crea que la muerte de los seres humanos surgió a causa del pecado, entonces se puede creer en los millones de años para la muerte de animales antes del hombre. Analicemos esto en detalle.

Dios dijo a Adán que comiera de "toda planta que da semilla" y de los árboles frutales (Génesis 1:29). Al inicio era vegetariano.

Algunos objetan esto afirmando que Dios no dijo a Adán que no podía comer carne animal, pero esta objeción es fácil de resolver a través de las palabras que Dios le dijo a Noé después del diluvio: "Todo lo que se mueve y vive, os será para mantenimiento: *así como las legumbres y plantas verdes*, os lo he dado todo". (Génesis 9:3, énfasis mío). Podríamos parafrasear: "Como yo os di las plantas para comer, ahora os doy todo".

Esto corrobora la idea de que la dieta de Adán era vegetariana. No fue hasta después del diluvio que Dios permitió que el hombre comiese animales. Adán no comió carne, como tampoco ninguno de los animales de la tierra hasta después del pecado.

Pero ¿cómo responder a los cristianos que no creen que la dieta de Adán se aplicara al mundo animal?

Génesis 1:30, escrito de la misma forma que Génesis 1:29, se refiere específicamente a los animales: "Y a toda bestia de la tierra, y a todas las aves de los cielos, y a todo lo que se arrastra sobre la tierra, en que hay vida, toda planta verde les será para comer. Y fue así".

Así como el hombre era vegetariano originalmente, también lo eran los animales. Antes de la caída, los animales no se comían entre sí, ni tampoco se comían al hombre, así como tampoco el hombre comía animales.

Sin embargo, el registro fósil, que los laicos afirman representa a millones de años de historia de la tierra antes del primer hombre, contiene ejemplos de carnívoros: huesos de animales en los estómagos de otros animales, peces tragando peces, y marcas de los dientes en los huesos. El registro fósil también incluye enfermedades, como tumores y artritis, y espinos.

Si los animales eran vegetarianos antes del pecado de Adán, ¿cómo podrían haberse estado matado entre sí durante millones de años antes de Adán? Si Dios declaró Su creación como "buena en gran manera" antes del pecado de Adán, ¿cómo podría esto incluir el cáncer y otras enfermedades? Si los espinos aparecieron después de la maldición (*después* del pecado de Adán, en Génesis 3:18), ¿cómo podrían haber existido antes?

Romanos 8:22, escrito en el contexto de los efectos de la caída, nos dice, "Porque sabemos que toda la creación gime a una, y a una está con dolores de parto hasta ahora". No hay manera lógica y coherente de que un cristiano pueda considerar la idea de millones de años de muerte de animales, violencia y enfermedad antes del pecado de Adán.

No, la mayor parte del registro fósil es el cementerio que quedó del diluvio del tiempo de Noé. Dios creó un mundo perfecto, pero el mundo en que vivimos hoy — con toda su enfermedad, muerte y violencia — resultó del pecado. No pudo haber existido así durante millones de años.

Tomar el Génesis como historia literal deja en claro que los animales y los seres humanos no murieron hasta después del pecado de Adán. La muerte no es "buena en gran manera". La muerte es un enemigo.

Nota sobre la Muerte de las Plantas

También existen aquellos cristianos que harán otra objeción, esto es que cuando se comían las plantas, ellas morían; por lo tanto, había muerte antes del pecado.

Sin embargo, la Escritura misma hace una importante distinción entre las plantas y los animales en este punto. En Génesis 1, vemos un término hebreo general — *nefesh*. Esta palabra se refiere a los seres vivos, como el hombre y los animales. La palabra no se aplica a las plantas, pero sí a los vertebrados. La Biblia distingue claramente entre los animales que tienen *nephesh* y las plantas e insectos, que no tiene *nephesh*. Así que la Biblia no clasifica a las plantas como seres vivos de la misma forma que los que tienen sangre y carne.

La muerte de las criaturas con nefesh tiene un peso diferente, incluso para nosotros como seres humanos. Si te encuentras en las montañas y ves la forma de un gran tronco de árbol, blanqueado por el sol, retorcido y seco, podrías verlo y pensar, *¡wow, es hermoso!* Incluso decoramos nuestras casas con plantas muertas y secas. Pero ¿qué pensarían los vecinos si decoraras con el cadáver de un perro o algo así? O si estuvieras en el bosque y vieras los restos en descomposición de un alce, ¿pensarías, *¡wow, que agradable! ¿hagamos el picnic aquí?* Obvio que no, pues hay algo diferente en la muerte de los animales, ¿no es así?

Al principio, no había muerte para los que tenían *nefesh*. Recordemos Génesis 1:29–30, donde leemos: "He aquí que os he dado toda planta que da semilla, que está sobre toda la tierra, y todo árbol en que hay fruto y que da semilla; os serán para comer. Y a toda bestia de la tierra, y a todas las aves de los cielos, y a todo lo que se arrastra sobre la tierra, en que hay vida, toda planta verde les será para comer".

A pesar de que sólo las plantas se comían como parte de la creación original de Dios, no fue sino hasta Génesis 9:3 —después del diluvio — que Dios dijo: "Todo lo que se mueve y vive, os será para mantenimiento . . . os lo he dado todo". En algún lugar entre estos dos mandatos se produjo un cambio, pero no fue así como comenzó todo. Originalmente, era un mundo hermoso. Era bueno en gran manera. El dolor, el sufrimiento y la muerte de animales o seres humanos con *nephesh* no existían.

No se Trata Sólo de una Tierra Joven

Cuando hablo sobre estos temas, la gente a menudo me dice: "¿Estás diciendo que tenemos que ser creacionistas de la tierra joven?"

Una y otra vez he encontrado que tanto en el mundo cristiano como secular, a aquellos de nosotros que estamos involucrados en el movimiento creacionista se nos caracterizan como "de la tierra joven". La supuesta línea de batalla se traza entonces entre los que están a favor de la "tierra vieja" (grupo formado por evolucionistas contrarios a Dios, así como muchos cristianos "conservadores") que recurren a a lo que llaman ciencia en contra de los que abogan por "la tierra joven", de los se dice, hacen caso omiso de la supuesta evidencia científica abrumadora a favor de una tierra antigua.

Quiero dejar muy en claro que no queremos ser conocidos principalmente como creacionistas de la tierra joven. El movimiento creacionista bíblico (que involucra a organizaciones como Respuestas en Génesis) y su idea central no es la tierra joven como tal; el énfasis está en la autoridad bíblica. Creer en una tierra relativamente joven (es decir, de sólo unos pocos miles de años) es una consecuencia de la aceptación de la autoridad de la Palabra de Dios por sobre la palabra del hombre falible.

Seamos honestos. Saque su Biblia y léala. No encontrará ningún indicio en absoluto de millones o billones de años.

El movimiento creacionista bíblico ha publicado numerosas citas de muchos líderes cristianos conocidos y respetados que admiten que si se toma el Génesis de manera directa, ella enseña claramente seis días normales en la creación. Sin embargo, la razón por la que algunos no creen que Dios creó en seis días literales, es porque están convencidos por la llamada ciencia de que el mundo tiene miles de millones de años de antigüedad. En otras palabras, ellos admiten que comienzan *fuera* de la Biblia para reinterpretar las palabras de la Escritura.

Cuando alguien me dice: "Oh, veo que tú eres uno de esos creacionistas fundamentalistas de la tierra joven", yo le contesto: "¡En realidad, soy un revelacionista, redencionista de no-muerte-antes-de-Adán" (lo que en realidad significa que soy un creacionista de la tierra joven).

Esto es lo quiero decir con este concepto: Yo entiendo que la Biblia es una revelación de nuestro Creador infinito, y se auto-autentica y auto-comprueba. Debo interpretar la Escritura con la Escritura, no imponer ideas desde el exterior. Cuando tomo las palabras de la Biblia, es obvio que no había muerte, derramamiento de sangre, enfermedad ni sufrimiento de seres humanos ni de animales antes del pecado. Dios instituyó la muerte y el derramamiento de sangre a causa del pecado; esto constituye el fundamento para el evangelio. Por lo tanto, no se puede permitir un registro fósil de millones de años de muerte, derramamiento de sangre, enfermedad y sufrimiento antes del pecado (pues el registro fósil tiene mucho más sentido como cementerio de los días del diluvio de Noé).

Además, la palabra para "día" en el contexto de Génesis sólo puede significar un día ordinario para cada uno de los seis días de la creación.[4]

Entonces, como revelacionista, dejo que la Palabra de Dios me hable, donde el significado de las palabras se derivan de acuerdo con el contexto de la lengua en que fueron escritas. Una vez que acepto las palabras de la Escritura en su contexto, esto es, el hecho de días normales, el hecho de que no hubo muerte antes del pecado, las genealogías de la Biblia, y así sucesivamente, queda absolutamente claro que no puedo aceptar millones o billones de años de historia. Por tanto, llego a la conclusión de que debe haber algo mal con las ideas del hombre falible sobre la edad del universo.

Y el hecho es que cada método de datación (fuera de la Escritura) se basa en suposiciones falibles. Hay literalmente cientos de herramientas de datación. Sin embargo, cualquiera sea el método de datación que se use, se deben hacer suposiciones sobre el pasado. Ni un solo método de datación que el hombre diseñe es absoluto. A pesar de que el 90 por ciento de todos los métodos de datación dan fechas *mucho más* tempranas de lo que requieren los evolucionistas, ninguno de ellos puede ser utilizado en un sentido absoluto.[5]

Pregunta: ¿Por qué un cristiano querría tomar los falibles métodos de datación del hombre y utilizarlos para imponer una idea por sobre la infalible Palabra de Dios? Los cristianos que aceptan La teoría de los millones de años, en esencia, están diciendo que la palabra del hombre es infalible y que la Palabra de Dios es falible.

Este es el quid del asunto. Cuando el cristiano se pone de acuerdo con el mundo en aceptar los métodos de datación falibles del hombre

4. Para más información sobre la palabra día en Génesis, véase Terry Mortenson, "Six Literal Days" [Seis Días literales] Respuestas en Génesis, http://www.answersingenesis.org/articles/am/v5/n2/six-literal-days.
5. Para más información sobre las fallas en métodos de datación, Roger Patterson, *Evolution Exposed* (Hebron, KY: Answers in Genesis, 2006), p. 105–130; available online at http://www.answersingenesis.org/articles/ee2/dating-methods.

para interpretar la Palabra de Dios, ha acordado con el mundo que la Biblia no es confiable. Ha enviado en esencia el mensaje de que el hombre, por sí mismo, independiente de la revelación, puede determinar la verdad e imponerla por sobre la Palabra de Dios. Una vez abierta esta puerta en relación con Génesis, en última instancia puede suceder lo mismo con el resto de la Biblia. Es una cuestión de autoridad. ¿Quién es la autoridad máxima — Dios o el hombre?

Como ve, si los líderes cristianos le dicen a las generaciones siguientes que pueden aceptar las enseñanzas del mundo en relación con los orígenes en la geología, la biología, la astronomía, y así sucesivamente y utilizarlos para reinterpretar la Palabra de Dios, entonces la puerta se ha abierto para que esto suceda en todas las áreas, incluyendo la moralidad.

Sí, se puede ser un cristiano conservador y predicar con autoridad de la Palabra de Dios desde Génesis 12 en adelante. Pero una vez que le ha dicho a la gente que acepte los métodos de datación del hombre y por tanto no tome los primeros capítulos del Génesis de manera literal, ha socavado efectivamente la autoridad de la Biblia. Esta actitud es destructiva para la iglesia.

Así que la cuestión no es tierra joven contra tierra vieja, sino esto: ¿Puede el hombre falible y pecador estar en autoridad por sobre la Palabra de Dios?

El punto de vista de la tierra joven recibe las burlas de la mayoría de los científicos. Pero Pablo nos advierte en 1 Corintios 8:2, "Y si alguno se imagina que sabe algo, aún no sabe nada como debe saberlo". Comparado con lo que Dios sabe, ¡nosotros no sabemos nada de nada!. Es por esto que debemos tener mucho cuidado y dejar que Dios nos hable a través de Su Palabra y no tratar de imponer nuestras ideas por sobre la Palabra de Dios.

También es interesante hacer notar que este versículo se encuentra en el mismo pasaje donde Pablo advierte que "el conocimiento envanece". El orgullo académico se encuentra en toda nuestra cultura. Por lo tanto, muchos líderes cristianos prefieren creer en los académicos falibles del mundo que a las palabras simples y claras de la Biblia.

Creo que este mensaje debe ser proclamado a la iglesia como un reto para volver a la autoridad bíblica para así defender con vehemencia la infalibilidad de la Palabra de Dios. En última instancia, esta es la única manera en que alcanzaremos al mundo con la verdad del mensaje del evangelio.

Debemos poner más presión sobre nuestros líderes cristianos para que escudriñen en profundidad la forma en que enfocan la cuestión de la autoridad de la Biblia.

Enraizados en el Génesis

Para resumir y recapitular lo que hemos estado discutiendo hasta ahora en este libro, todas las doctrinas bíblicas, incluido el propio evangelio en última instancia, tienen su raíz en el primer libro de la Biblia.

- Dios creó todo de manera especial en el cielo y en la tierra (Génesis 1:1).
- Dios creó de manera única al hombre y a la mujer a su imagen (Génesis 1:26–27).
- El matrimonio consiste en la unión del varón y la mujer para toda la vida (Génesis 2:24).
- El primer hombre y su mujer trajeron el pecado al mundo (Génesis 3:1–24).
- Desde el principio Dios prometió un Mesías para salvarnos (Génesis 3:15).
- La muerte y el sufrimiento surgieron a causa del pecado original (Génesis 3:16–19).
- Dios establece las normas del bien y del mal en la sociedad (Génesis 6:5–6).
- El propósito último de la vida es caminar con Dios (Génesis 6:9–10).
- Todos los seres humanos pertenecen a una raza — la raza humana (Génesis 11:1–9).

Los cielos nuevos y la tierra nueva
El paraíso restaurado

La evolución también destruye la enseñanza de los cielos nuevos y la tierra nueva. ¿Qué es lo que se nos dice acerca de los cielos nuevos y la tierra nueva? Hechos 3:21 dice que habrá una restauración (restitución). Eso significa que las cosas serán restauradas a por lo menos lo que eran originalmente. Leemos acerca de cómo será: "No harán mal ni dañarán en todo mi santo monte" (Isaías 11:9). Habrá vegetarianismo y no habrá violencia. "Morará el lobo con el cordero, y el leopardo con el cabrito se acostará; y el becerro y el león y la bestia doméstica andarán juntos; y un niño los pastoreará... y el león como el buey comerá paja"(Isaías 11:6-7), ¡es decir vegetarianismo! "Y no habrá más maldición" (Apocalipsis 22:3).

En el Génesis, encontramos que se le dijo al hombre y a los animales que comieran sólo plantas (Génesis 1:29–30); eran vegetarianos. Sólo después del diluvio se le dijo al hombre que comiera carne (Génesis 9:3). Cuando creó Dios todas las cosas, sólo había vegetarianos y no había violencia, muerte ni enfermedad antes de que Adán pecara.

Creer en la evolución es negar que hubiera un paraíso universal antes de Adán, porque la evolución implica directamente que antes de Adán hubo lucha, crueldad y brutalidad, animales comiendo animales y muerte. ¿Es a eso que será restaurado el mundo? Si usted cree en la evolución, debe negar que hubo un paraíso universal antes de Adán (porque usted cree que hubo muerte y lucha millones de años antes de Adán), y también en el final de los tiempos (porque la Biblia enseña que el mundo será restaurado a lo que solía ser). Por lo tanto, la evolución no sólo incide en el corazón y los cimientos, sino también en la esperanza del cristianismo. Todos debemos andar por ahí haciendo algo al respecto. Muchos de nosotros hemos sido engañados a pensar que la evolución tiene que ver con la ciencia y que es necesario ser científico para hacer algo para combatirla. Pero la evolución sólo es un sistema de creencias, y no es necesario ser un científico para combatirla.

Además, los cristianos que creen en la evolución tienen que aceptar que la evolución está todavía en curso. Esto se debe a que la muerte y la lucha que vemos en el mundo que nos rodea y las mutaciones (errores en los genes) que se están dando son utilizadas por los evolucionistas para tratar de demostrar que la evolución es posible. Ellos extrapolan al pasado lo que ven hoy, y deducen que estos procesos a lo largo de millones de años son la base para la evolución. Por lo tanto, los cristianos que aceptan la evolución deben estar de acuerdo en que la evolución está ocurriendo hoy en día en todos los ámbitos, incluso en el hombre. Sin embargo, Dios ha dicho en Su Palabra que cuando Él creó todo terminó Su obra de creación y dijo que era "buena" (Génesis 1:31–2:3). Esto es totalmente contrario a lo que nos dicen los evolucionistas. Los evolucionistas teístas no pueden decir que Dios usó la evolución una vez y que ahora ya no lo hace. Decir que la evolución no está ocurriendo en la actualidad es destruir la teoría evolutiva, ya que usted no tiene ninguna base para decir lo que ha ocurrido en el pasado.

Hay muchos cristianos que, después de que se les enseña la verdadera naturaleza de la ciencia, que la evolución es una religión, abandonan las creencias como la evolución teísta y la creación progresiva. Sin embargo, hay una serie de ministros, teólogos y otros que debido a su punto de vista de las Escrituras, no aceptan lo que estamos diciendo. Tienen un desacuerdo filosófico básico con nosotros en lo que respecta a la forma de abordar la Biblia.

Tal vez la mejor manera de resumir este argumento es darle un ejemplo práctico de un encuentro que tuve con un ministro de una iglesia protestante.

El personal de la Creation Science Foundation (Fundación Ciencia de la Creación) en Brisbane, Australia, habían viajado 1,700 kilómetros a Victoria para llevar a cabo reuniones en diferentes centros. En uno de estos lugares, este ministro se nos opuso públicamente. Otro ministro, en la misma iglesia, había puesto un anuncio en la hoja semanal con respecto a nuestra visita. El ministro que se nos opuso consiguió la plantilla antes de que la hoja de anuncios se imprimiera y eliminó el anuncio. Alentó a la gente a boicotear nuestro programa de seminarios e hizo muchas declaraciones públicas desalentadoras sobre nuestra organización y nuestras enseñanzas. Incluso le dijo a la gente que éramos del diablo y que no debían escucharnos.

Hice una cita con este ministro para discutir el tema con él. Explicó que él creía que Génesis sólo era algo simbólico, que había un gran número de errores en la Biblia y que no se le podía tomar tan literalmente como al parecer lo hacía yo. La razón por la que tuvimos este desacuerdo con respecto a la creación y la evolución fue porque teníamos un desacuerdo filosófico básico con respecto a nuestro enfoque personal de las Escrituras. Estuvo de acuerdo en que esto era cierto, pero una vez más hizo hincapié en que no se podía tomar Génesis literalmente, y que era sólo simbólico. Le pregunté si creía que Dios creó el cielo y la tierra.

Él dijo: "Sí, ese era el mensaje que el Génesis enseñaba."

Deliberadamente, cité Génesis 1:1: "¿Usted cree, 'En el principio creó Dios los cielos y la tierra'?"

Él dijo: "Sí, por supuesto que sí. Ese es el mensaje que Génesis nos transmite".

Le expliqué que él acababa de creer en Génesis 1:1 literalmente. Se le preguntó si Génesis 1:1 era simbólico, y, si no, ¿por qué se lo había tomado literalmente? Entonces le pregunté si Génesis 1:2 era literal o simbólico. Señalé la inconsistencia de aceptar Génesis 1:1 como literal y a la vez decir que Génesis era simbólico en su totalidad. Él continuó diciendo que no era importante lo que dice Génesis, que sólo lo que significaba era lo importante.

"¿Cómo podría llegar a entender el significado de algo si no sabe lo que se dice ahí?", le pregunté. "Si usted no puede tomar lo que se dice de algo para llegar al significado, entonces el lenguaje (lo cual sería lo mismo en cualquier idioma) realmente se convertiría en un disparate."

Entonces le pregunté cómo había decidido él cuál era la verdad acerca de las Escrituras. Él respondió: "Por un consenso de opinión entre la comunidad."

Así que le dije: "Entonces, esa es su base para decidir qué es verdad. ¿De dónde sacó esa base, y cómo sabe que esa es la base correcta para decidir la verdad?"

Me miró y dijo: "Por un consenso de opinión entre eruditos."

Otra vez le planteé la pregunta: "Si esa es su base para decidir la verdad y para determinar si su comunidad ha llegado a la conclusión correcta acerca de la verdad, ¿cómo sabe que esa es la base adecuada para determinar lo que es la verdad?"

Entonces, me dijo que él no tenía todo el día para hablar del tema y que era mejor que termináramos la discusión. Por supuesto, lo que él estaba haciendo era apelar a la sabiduría del hombre para decidir lo que significaban o querían decir las Escrituras, en lugar de permitir que la Palabra de Dios le dijera cuál era la verdad. La verdadera diferencia entre nuestras posiciones podría resumirse de la siguiente manera: ¿Dónde pone usted su fe, en las palabras de los hombres que son criaturas falibles que no lo saben todo, y que no estuvieron allí; o las Palabras de Dios que es perfecto, que lo sabe todo, y que estuvo allí?

Los cristianos (o los que afirman ser cristianos) que adoptan esta visión liberal de las Escrituras con mucha más frecuencia de lo que creen, ven los resultados de esta filosofía equivocada en la próxima generación: sus hijos. Debido a que no pueden proporcionar una base sólida para sus hijos, con frecuencia ven colapsar toda la estructura del cristianismo en la próxima generación.[6] Para muchas de estas personas, es triste pero cierto que la mayoría de sus hijos rechazarán el cristianismo por completo. Este dilema en cuanto a la teología liberal está muy relacionado con la controversia sobre Génesis. Si uno rechaza Génesis, o afirma que sólo es simbolismo o mito, esto lleva lógicamente a negar el resto de las Escrituras. Esto se ve reflejado en las personas que tratan de explicar los milagros, como el paso del mar Rojo, la zarza ardiente, o un pez que se tragó a un hombre (por

6. Ken Ham y Britt Beemer, *Already Gone: Why Your Kids Will Quit the Church and What You Can Do to Stop It*, con Todd Hillard (Green Forest, AR: Master Books, 2009).

nombrar algunos). Pero, estas personas no se detienen ahí. También se ponen a explicar los milagros de Cristo en el Nuevo Testamento. A veces (y cada vez más), hasta el nacimiento virginal y la resurrección se niegan. Una vez uno acepta Génesis literalmente y lo entiende como algo fundamental para el resto de las Escrituras, es un paso fácil para aceptar como verdad el resto de que dice la Biblia. Yo tomo la Biblia literalmente a menos que sea obviamente algo simbólico. Incluso cuando se trata de algo simbólico, las palabras y las frases utilizadas tienen una base literal.

Mucha gente utiliza el ejemplo en las Escrituras donde dice que Jesús es la puerta para decir que no podemos tomar esa parte literalmente. Sin embargo, al comprender las costumbres de esos tiempos, vemos que los pastores se sentaban a la entrada y, literalmente, eran la puerta. Así, en ese sentido, Jesús literalmente es la puerta, al igual que esos pastores eran literalmente la puerta. Demasiadas personas se apresuran a sacar conclusiones acerca de la literalidad de la Biblia sin considerar cuidadosamente lo escrito, el contexto y las costumbres. Cuando la Escritura tiene el propósito de ser tomada simbólicamente o metafóricamente, es así obviamente desde el contexto o se nos dice que lo es.

Por supuesto, muchos teólogos liberales afirman que el ministerio de la creación es divisivo. En esa afirmación sin duda tienen razón; la verdad siempre divide. Como dijo Cristo, Él vino con una espada a dividir: " Porque he venido para poner en disensión al hombre contra su padre, a la hija contra su madre, y a la nuera contra su suegra" (Mateo 10:35). ¿De cuántas situaciones sabe en las que las relaciones se han roto debido a la tensión entre vivir como cristiano y no vivir como uno? Con demasiada frecuencia se ve transigencia de parte de los cristianos cediendo terreno por el bien de la paz y la armonía. Jesús predijo lucha, no paz a cualquier precio. En Lucas 12:51, Jesús dijo: ¿Pensáis que he venido para dar paz en la tierra? Os digo: No, sino disensión" (ver también Juan 7:12, 43; 9:16; 10:19).

Desde una perspectiva práctica, me parece que los estudiantes no quieren que alguien les diga que la Biblia está llena de errores o que no pueden creerla. Ellos quieren escuchar que hay respuestas y que realmente pueden llegar a saber.

En una reunión una madre me dijo que su hija estaba en la clase en la que yo había hablado en una escuela pública local. Su hija le había dicho que lo que había impresionado a los estudiantes más que nada había sido el hecho de que yo hablé con mucha autoridad. Ellos se quedaron impresionados de que yo no cuestioné la Palabra de Dios, sino que la acepté totalmente. Me recordó a la declaración en las Escrituras: "La gente se admiraba de su doctrina; porque les enseñaba como quien tiene autoridad, y no como los escribas" (Mateo 7:28-29). Jesús tenía mucha autoridad y era muy dogmático en la forma en que hablaba. Él no predicó varias formas para entrar el cielo. Él no vino a decir que creía que Él era una de las formas para llegar a la vida eterna. Jesús dijo: "Yo soy el Camino, y la Verdad, y la Vida" (Juan 14:6). No creo que Jesús sería aceptado en muchas iglesias en la actualidad si Él fuera a predicar. ¡Él sería demasiado divisivo! No había mucha diferencia hace dos mil años. Nosotros, como cristianos nacidos de nuevo, somos la encarnación de Cristo en la tierra hoy en día, ¿porque tenemos tanto miedo de proclamar la verdad por no ser divisivos?

Hablé con un grupo juvenil de una iglesia en particular, sobre la importancia de Génesis. Me quedé sorprendido con el líder del grupo juvenil, quien al final del programa les dijo a los jóvenes lo decepcionado que estaba con mi punto de vista "inferior" acerca de las Escrituras. Dijo que yo estaba tratando de imponer una Biblia perfecta sobre Dios y lo inadecuado que era este punto de vista de las Escrituras. Ellos, por su parte, estaban dispuestos a aceptar que había errores y problemas en la Biblia. Esto llevó a un punto de vista muy "superior" de las Escrituras. Después de esta conversación, decidí que las palabras no tenían sentido para esta persona.

Muchas personas (especialmente las de las generaciones más jóvenes) han comentado la falta de enseñanza con autoridad. Es una triste acusación en nuestras iglesias. ¿Con qué están alimentando a su gente? Nuestros líderes de la iglesia deben predicar con autoridad de que Dios hizo al hombre; que el hombre cayó en el jardín del Edén, trayendo que el pecado y la muerte al mundo; y que el hombre encuentra la redención por la fe sólo en Cristo.

Capítulo 8

El fruto malvado del pensamiento evolutivo

SI USTED ACEPTA LA CREENCIA EN DIOS como Creador, entonces usted acepta que hay leyes, ya que Él es el Dador de la ley. La ley de Dios es el reflejo de Su carácter sagrado. Él es la autoridad absoluta y estamos bajo total obligación a Él. Las leyes no son una cuestión de nuestras opiniones, sino que son reglas dadas por el que tiene derecho a imponerlas sobre nosotros para nuestro bien y para Su propia gloria. Él nos da principios como una base para el desarrollo de nuestra forma de pensar en todas las áreas.

Aceptar al Dios de la creación nos dice de lo que se trata la vida. Sabemos que Dios es el Dador de la vida, que la vida tiene sentido y propósito, y que todos los seres humanos son creados a imagen de Dios y, por lo tanto, tienen gran valor y significado. *Dios nos hizo para poder relacionarse con nosotros, amarnos, y derramar Su bendición sobre nosotros, y para que pudiéramos amarlo a cambio.*

Por otro lado, si usted rechaza a Dios y lo reemplaza con otra creencia que pone al azar y procesos aleatorios en el lugar de Dios, no hay ninguna base para el bien o el mal. Las reglas se vuelven lo

que usted quiere que sean. No hay absolutos, no hay principios que deban respetarse. La gente va a escribir sus propias reglas.

Se debe entender que nuestra cosmovisión está edificada sobre nuestro punto de partida — sea la Palabra de Dios o la palabra del hombre.

Nuestro mundo occidental ha sido permeado en gran parte por una cosmovisión razonablemente cristianizada, influenciada grandemente por el punto inicial de la palabra de Dios (la Biblia). Pero mientras cada vez más y más personas en una nación cambian su punto de partida de la Palabra de Dios a la palabra del hombre, esperaríamos ver (y estamos viendo) un cambio en la cosmovisión de esa cultura. La cultura está cambiando de una permeada por absolutos cristianos (e.g., el matrimonio es un hombre para una mujer, el aborto está prohibido como asesinato, etc.) a una de relativismo moral (e.g., matrimonio redefinido para permitir uniones del mismo sexo, aborto legalizado como el derecho de una mujer, etc.). De hecho, considere sólo algunos de los cambios que han ocurrido en los Estados Unidos:

- En 1962, la oración en la escuela fue legislada inconstitucional.
- En 1963, la lectura de la Biblia en las escuelas públicas fue legislada inconstitucional.

- En 1973, se levantaron las restricciones al aborto y clínicas de aborto empezaron a permear la nación (*Roe v. "Wade*).
- En 1985, los nacimientos navideños en los lugares públicos fueron legislados violar la así llamada separación de iglesia y estado.
- En 2003, las leyes contra la sodomía homosexual fueron legisladas inconstitucionales.

Muchos cristianos reconocen la degeneración que se ha producido en la sociedad. Ellos ven el colapso de la ética cristiana y el aumento de las filosofías anti-Dios. Están muy conscientes del aumento de la iniquidad, la homosexualidad, la pornografía y el aborto (y otros productos de la filosofía humanista), pero tienen una desventaja al no saber por qué está ocurriendo esto. La razón por la que tienen tal dilema es que no entienden la naturaleza fundamental de la batalla. Se trata de una lucha entre la Palabra de Dios y la palabra del hombre. Pero muchos cristianos no entienden que lo que está contribuyendo a este cambio es la enseñanza de la evolución y/o millones de años básicamente como un hecho en la cultura, y el aumento de la aceptación de tales creencias por la iglesia (inclusive líderes de la iglesia, académicos cristianos y la población general de la iglesia).

Lo que ha sucedido es que se ha socavado la autoridad de la Palabra de Dios y, conscientemente o inconscientemente, debido a dichas concesiones con la creencia del hombre en las ideas evolucionarias y millones de años, ha habido una pérdida generacional del respeto de las personas y su fe en la Biblia. Cada vez más de aquéllos en nuestras generaciones venideras (incluso los de la iglesia) han sido influenciados para dudar e incluso rechazar la historia de la Biblia y consecuentemente han rechazado la moralidad (y el evangelio) edificada sobre esa historia.

Resumen del verdadero asunto

Es importante entender que las creencias evolucionarias y de millones de años no son en sí la causa directa de los problemas sociales como el matrimonio gay, el aborto y así sucesivamente. El pecado es la causa de dichas maldades. Sin embargo, hay una conexión entre la evolución/millones de años y estos problemas morales. Entre más las personas crean en la evolución y/o millones de años, y rechacen la infalibilidad de la Palabra de Dios comenzando en Génesis, más también comenzarán a dudar las Escrituras y rechazar la moralidad edificada sobre la Palabra de Dios. También, si a los jóvenes en la iglesia se les influencia a creer que pueden establecerse espiritualmente fuera de la Biblia, siguiendo las ideas falibles del hombre, (la evolución y millones de años), van a aceptar las ideas falibles del hombre sobre la moralidad y reinterpretarán lo que enseña claramente la Biblia acerca de tales asuntos.

Cuando los cristianos reinterpretan los días de la creación para encajarlos con millones de años, reinterpretan a Génesis 1:1 para llegar a un acuerdo con el Big Bang, o adoptan otras posturas que agregan la evolución darwiniana a la Biblia, están socavando la misma Palabra de Dios. Y esto es el problema; ésta es la razón por la que hemos perdido la autoridad bíblica en la cultura.

Como a menudo recuerdo a los cristianos, nosotros sabemos que Jesús resucitó de entre los muertos porque tomamos la Palabra de Dios como fue escrita. Los científicos seculares nunca han mostrado que un cuerpo muerto puede ser restaurado a la vida; sin embargo, no reinterpretamos a la resurrección como un evento no-literal. Tomamos a la Palabra de Dios tal como fue escrita.

No obstante, en Génesis, tantos cristianos (incluyendo numerosos líderes cristianos) aceptan las ideas seculares de una tierra antigua de los científicos seculares para reinterpretar el relato de la creación. Al hacerlo, han quitado el seguro de una puerta – la puerta para socavar la autoridad bíblica. Las generaciones subsecuentes suelen abrir más la puerta. Esto es lo que sucedió a lo largo de Europa, el Reino Unido y Australia, y está sucediendo en las Américas también.

El Salmo 11:3 dice: "Si fueren destruidos los fundamentos, ¿qué ha de hacer el justo?" Aplicados a donde nos encontramos hoy en día, los asuntos fundamentales finalmente no son creación/evolución y millones de años sino la Palabra de Dios contra la palabra del hombre. Ésta es la misma lucha que inició en Génesis 3:1 cuando la serpiente dijo a la mujer: "¿Conque Dios os ha dicho. . . ?"

Eso resume realmente de lo que se trata la lucha de creación/evolución/millones de años; es un asunto de autoridad. La Palabra infalible de Dios o la palabra falible del hombre — ¿quién es la autoridad final?

El fruto del pensamiento evolutivo

Puesto que la evolución se enseña mayormente como un hecho en los sistemas educativos seculares del mundo, quiero compartir algunos ejemplos específicos de cómo ha utilizado la gente la evolución para justificar sus creencias y comportamiento impíos.

Es importante no malentender lo que quiero decir. Ciertamente, la maldad y las filosofías anti-Dios existieron antes de la teoría de la evolución darwiniana. Las personas abortaban a sus bebés antes de que Darwin popularizara su idea de evolución. Sin embargo, lo que cree la gente sobre su origen afecta su cosmovisión. Cuando las personas rechazan al Dios de la creación, eso afecta su perspectiva de sí mismas, los demás y el mundo en que viven.

Particularmente en los países occidentales, donde alguna vez fue muy predominante la ética cristiana, la evolución darwiniana proporcionó una justificación para las personas que no creen en Dios y, por lo tanto, para poder hacer las cosas que los cristianos considerarían como algo malo. Como escribió Richard Dawkins: "Aunque el ateísmo puede haber sido lógicamente sostenible antes de Darwin, Darwin hizo posible ser un ateo intelectualmente satisfecho."[1] O como dijo un científico no cristiano en una entrevista de televisión: "La evolución darwiniana ayudó a hacer que el ateísmo fuera respetable".

Ahora vamos a considerar una serie de áreas en las que la evolución se ha utilizado para justificar las actitudes y acciones de las personas. Esto no quiere decir que la evolución darwiniana sea la causa de estas actitudes o acciones, sino que la gente la ha utilizado como una justificación para hacer su filosofía en particular "respetable" a sus ojos.

1. El nazismo y la evolución

Mucho se ha escrito acerca de uno de los hijos más infames del fascismo, Adolf Hitler. Su forma de tratar a los judíos puede atribuirse, al menos en parte, a su creencia en la evolución. P. Hoffman,

1. Richard Dawkins, *The Blind Watchmaker: Why the Evidence of Evolution Reveals a Universe without Design* [El relojero ciego: Por qué revela la evidencia de la evolución un universo sin diseño], (New York: W.W. Norton, 1986), p. 6.

en *Hitler's Personal Security (La seguridad personal de Hitler)*, dijo: "Hitler creía en la lucha como un principio darwiniano de la vida humana que obligaba a todos los pueblos a tratar de dominar a todos los demás; sin la lucha se pudrirían y perecerían. . . . Incluso en su propia derrota en abril de 1945, Hitler expresó su fe en la supervivencia del más fuerte y declaró que la gente eslava había demostrado ser la más fuerte".[2]

Sir Arthur Keith, el muy conocido evolucionista, explica la forma en que Hitler simplemente estaba siendo consistente con lo que les hizo a los judíos; él estaba aplicando los principios de la evolución darwiniana. En *Evolution and Ethics (La evolución y la ética)*, dijo:

> Para ver las medidas evolutivas y la moral tribal aplicadas vigorosamente en los asuntos de una gran nación moderna, hay que regresar a la Alemania de 1942. Vemos a Hitler devotamente convencido que la evolución produce la única base real para una política nacional. . . . Los medios que adoptó para asegurar el destino de su raza y su gente fueron masacres organizadas, que han empapado a Europa de sangre. . . . Tal conducta es altamente inmoral cuando se mide por todas las escalas de la ética, pero Alemania lo justifica; está en consonancia con la moral tribal o evolutiva. Alemania se ha vuelto al pasado tribal y está demostrándole al mundo, en su ferocidad desnuda, los métodos de la evolución.[3]

2. El racismo y la evolución

El finado Stephen J. Gould dijo:

> La recapitulación [la teoría de la evolución que postula que un embrión en desarrollo en el vientre de su madre pasa por etapas evolutivas, como la etapa de pez, etc., hasta que se convierte en humano] proporcionó un enfoque conveniente para el racismo generalizado de los científicos blancos; miraban las actividades de sus propios niños para compararlas

2. Peter Hoffman, *Hitler's Personal Security* [La seguridad personal de Hitler] (Oxford, Reino Unido: Pergamon Press, 1979), p. 264.
3. Sir Arthur Keith, *Evolution and Ethics* [La evolución y la ética] (Nueva York: Putman, 1947), p. 28.

con el comportamiento adulto normal en razas inferiores" (mis notas entre corchetes).[4]

Gould también concluye que el término *mongoloide* se convirtió en sinónimo de las personas mentalmente defectuosas porque se creía que la raza caucásica era más desarrollada que la mongoloide. Por lo tanto, algunos pensaban que un niño mentalmente defectuoso realmente era un retroceso a una etapa anterior en la evolución.

Gould también dijo: "Los argumentos biológicos para el racismo pueden haber sido comunes antes del 1859, pero aumentaron por órdenes de magnitud siguiendo la aceptación de la teoría evolucionaria."[5]

El principal paleontólogo estadounidense en la primera mitad del siglo 20, Henry Fairchild Osborne, añade más leña al fuego con su creencia que "La estirpe negroide es aún más antigua que la caucásica y la mongoloide. . . . El nivel de inteligencia del adulto de raza negra promedio es similar a la de los once años de edad de la especie *Homo sapiens*."[6]

Muchos de los primeros pobladores de Australia consideraban que los aborígenes australianos eran menos inteligentes que el "hombre blanco", porque los aborígenes no habían evolucionado tanto como los blancos en la escala evolutiva. De hecho, el Museo de Hobart, en Tasmania (Australia) en 1984, lo lista como uno de los motivos por los que los primeros colonos blancos mataron a tantos aborígenes como pudieron en ese estado. En 1924, el periódico *New York Tribune* (el domingo, 10 de febrero) publicó un gran artículo diciéndoles a sus lectores que el eslabón perdido había sido encontrado en Australia. El eslabón perdido al que se referían eran los aborígenes del estado de Tasmania.

¿De dónde sacaría un grupo de personas la idea que una raza sea menos evolucionada que otra? Científicos destacados, como Osborn

4. Stephen J. Gould, *The Panda's Thumb: More Reflections in Natural History* [El pulgar del panda: más reflexiones en la historia natural] (New York: W. W. Norton, 1980), p. 163.
5. Gould, *Ontogeny and Phylogeny* [Ontogenia y filogenia] (Cambridge, MA: Belknap Press, 1977), p. 127.
6. Henry Fairchild Osborne, *Natural History* [Historia natural], abril de 1980, p. 129.

previamente mencionado, promovía esta idea. Ernst Haeckel, biólogo popular alemán de los mediados del siglo 19, argumentaba por 12 razas de humanos, cada una distinguida por tres factores: color de piel, tipo de cabello y estructura de cráneo.[7] Haeckel argumentaba a favor de sus propuestas razas inferiores siendo equivalentes a los animales, al considerar lo que llamaba "hombres más inferiores y simiescos" y los "hombres más altamente desarrollados":

> Si uno ha de trazar un límite agudo entre ellos, se tiene que dibujar entre los hombres más desarrollados y civilizados en un lado, y los salvajes más rudos por el otro lado, y éstos tienen que ser clasificados con los animales. De hecho, ésta es la opinión de muchos viajeros, quienes han observado por mucho tiempo en sus países natales a las razas humanas más inferiores. Así que, por ejemplo, el gran viajero inglés, quien vivió por un tiempo considerable en la costa occidental de África, dice: "Yo considero que el negro es una especie inferior de hombre, y no puedo concluir si debo verlo como 'un hombre y hermano,' porque si es así, el gorila tuviera que ser introducida a nuestra familia."[8]

Lo más increíble es que vivimos en una sociedad que afirma querer deshacerse de actitudes racistas. Sin embargo, estamos condicionados hacía actitudes racistas por nuestro sistema educativo, y toda la base fundamental por el racismo satura las mentes de las personas. Hace años estuve en un colegio, y el profe dijo a sus estudiantes que si las criaturas simiescas habían evolucionado a las personas, entonces debemos verlo sucediendo en nuestros días. Algunos de los estudiantes le dijeron que esto sí sucedía hoy día porque algunos aborígenes son primitivos y, por tanto, aún evolucionaban. Lamentablemente, en los ojos de los estudiantes, la enseñanza de la evolución había relegado a los aborígenes australianos a un nivel sub-humano.

Fue la perspectiva evolucionista que convenció a los antropólogos que había distintas razas de humanos en distintos niveles de inteligencia

7. Ernst Haeckel, *The History of Creation* [La historia de la creación], E. Ray Lancaster, traductor (Londres: Henry S. King & Co., 1876), 2:306.
8. Ibid., 2:365.

y habilidad. La perspectiva cristiana es la que enseña que existe una sola raza (en el sentido de que todos procedemos de dos humanos y, por ende, no existen grupos evolucionarios superiores ni inferiores) y que todas las personas son iguales. Lamentablemente, hoy en día, el mundo secular, y no el mundo cristiano, es el que está dirigiendo el camino para decir a la gente que no existen razas biológicas dentro de la humanidad – solamente distintos grupos culturales que pertenecen a la misma raza.

Por ejemplo, cuando el Proyecto Genoma Humano mapeo el genoma humano, sus resultados confirmaron el hecho de que no hay razas biológicas:

> El Dr. Venter y los científicos en los National Institutes of Health (institutos nacionales de salud) recientemente anunciaron que habían elaborado un borrador de toda la secuencia del genoma humano, y los investigadores habían declarado unánimemente, que hay una sola raza — la raza humana.[9]

¿Cómo ha reaccionado el mundo secular a estas conclusiones? En el 2011, William Leonard, editor de *The American Biology Teacher (El profesor americano de biología)*, escribió en un artículo, ". . . todos los humanos son una sola raza: *Homo sapiens*. No hay absolutamente ninguna justificación genética ni evolutiva para categorías 'raciales' de humanos."[10]

Ian Tattersall, antropólogo y curador en el American Museum of Natural History (AMNH - Museo americano de historia natural), y Rob DeSalle, profesor auxiliar de biología evolucionaria y también curador en el AMNH, escribieron en su libro reciente sobre la raza: "El hilo principal y común que corre a través de este capítulo es la incertidumbre que sigue respecto a lo que significa la palabra 'raza,' un término que sería mejor descartar, pero hasta la fecha ha permanecido en nuestros

9. Natalie Angier, "Do Races Differ? Not Really, Genes Show," (¿Difieren las razas? Realmente no, los genes muestran.), *The New York Times*, el 22 de agosto de 2000, http://www.nytimes.com/2000/08/22/science/do-races-differ-not-really-genes-show.html?pagewanted=all&src=pm.
10. William Leonard, "Check Your Race in the Box Below," (Marca tu raza en la cajita abajo), *The American Biology Teacher* 73, no. 7 (2011): 379.

vocabularios."[11] Estas afirmaciones de los investigadores seculares contradicen directamente lo que enseña la evolución darwiniana sobre la raza. Los cristianos deben estar en la vanguardia de los que enseñan que no hay razas biológicas, sino solamente distintos grupos de personas.[12]

3. Las drogas y la evolución

Mucha gente no pensaría que la evolución de alguna manera estaría relacionada con tomar medicamentos. Sin embargo, la siguiente carta de testimonio de un hombre en el oeste de Australia muestra claramente esta relación.

> En la escuela, la teoría de la evolución se presentó de una manera tal que ninguno de nosotros jamás dudó de que era un hecho científico. Aunque la escuela era supuestamente cristiana, el relato bíblico de la creación se presentaba como una especie de ficción romántica, que no pretende transmitir verdades literales sobre Dios, el hombre o el cosmos. Como resultado, asumí que la Biblia no era científica y, por lo tanto, tenía prácticamente poco o ningún uso.
>
> Nunca se me ocurrió que la evolución era más que una suposición, un concepto inventado en la cabeza de alguien, y lamento decir que yo no estaba lo suficientemente interesado para ir a revisar los llamados "hechos" por mí mismo. Supuse que gente fiable ya lo había hecho.
>
> Después de dejar la escuela, empecé a poner en práctica las suposiciones y presuposiciones que había aprendido durante la infancia. Mi creencia ingenua en la evolución tuvo tres importantes consecuencias prácticas:
>
> 1. Encarecidamente me animó a mirar a las drogas como la fuente máxima de comodidad y creatividad.
>
> 2. Me llevó a la conclusión que Dios, si es que Él existía, era una figura muy distante e impersonal, separada de la humanidad por distancias muy grandes de espacio y tiempo.

11. Ian Tattersall and Rob DeSalle, *Race? Debunking a Scientific Myth* (¿Raza? Refutando un mito científico) (College Station, TX: Texas A&M University Press, 2011), p. 55.
12. Para más información sobre la perspectiva bíblica de la raza, ver Ken Ham y Joe Owen, *Una Sola Raza, Una Sola Sangre: Una respuesta bíblica al racismo* (Green Forest, AR: Master Books, 2015).

3. Me llevó a abandonar cada vez más los valores morales que me habían enseñado en casa, porque cuando el hombre se ve como subproducto arbitrario del tiempo + materia + azar, no hay ninguna razón lógica para tratar a los hombres o las mujeres como objetos de dignidad y respeto, ya que, en principio, no son diferentes a los animales, los árboles y las rocas de las que supuestamente vienen.

Quiero explicar mejor un solo punto, la gran fe en las droga que tuve como resultado de estar convencido de que la evolución era un hecho. Después de dejar la escuela, me volví cada vez más susceptible a las drogas. Tomar drogas me parecía tener sentido porque en principio encajaba con lo que se me había enseñado acerca de la naturaleza y el origen del hombre. "De las reacciones químicas has has venido, y a los químicos regresarás". Y así lo hice.

Mi fe en las drogas como una fuente de consuelo y creatividad era casi irrompible, incluso después de diez años de devastación total, durante los cuales mi trabajo, mi personalidad y mis relaciones se habían desmoronado. Incluso después de venir a Cristo, todavía continué usando drogas o me sentía fuertemente atraído a ellas, hasta que algunos cristianos me mostraron la verdad acerca de la naturaleza, el origen y el destino del hombre como se relata en Génesis. No fue hasta cuando me di cuenta de la verdad de esto que abandoné completamente y voluntariamente mi amor privado por las drogas. *Ahora sé que mi esperanza está en la persona de Jesucristo y en Él solamente. Ya no es un cliché, sino una realidad viviente. Soy libre, y es la verdad la que me ha hecho libre, libre de cualquier deseo por drogas, libre de la fe convincente que una vez tuve en sustancias químicas como resultado de creer una mentira; la mentira de la evolución.* Apelo a ustedes, padres y maestros, para volver a examinar la evidencia como yo lo he hecho.

4. El aborto y la evolución

Muchos recordarán que en la escuela se enseña que, a medida que el embrión se desarrolla en el vientre de su madre, pasa por una etapa de pez con hendiduras branquiales, etc., y otras etapas evolutivas hasta que se convierte en humano. En otras palabras, la idea es que a medida que se desarrolla, el embrión pasa a través de todas las etapas evolutivas reflejando su ascendencia. Esta teoría de la "recapitulación embrionaria" fue propuesta por primera vez por un hombre llamado Ernest Haeckel. No muchas personas se dan cuenta de que toda esta teoría fue un engaño intencional. Cito: "Pero sigue siendo cierto que, en el intento de demostrar su ley, Haeckel recurrió a una serie de distorsiones deshonestas al hacer sus ilustraciones. Llamarlas deshonestas no es algo demasiado duro, ya que Haeckel menciona dónde adquirió originalmente algunos de sus dibujos sin mencionar las alteraciones que les hizo."[13]

Finalmente, Ernest Haeckel admitió este fraude, pero el aspecto deplorable es que esta teoría todavía se enseña en muchas universidades, escuelas y colegios de todo el mundo. Ciertamente, los evolucionistas que se han mantenido al día con los últimos escritos saben que este punto de vista es erróneo y se abstienen de enseñarlo en sus clases. Sin embargo, en la mayoría de los libros de texto populares y materiales de lectura este punto de vista se está promulgando de diversas formas, generalmente de forma muy sutil.

Ya que la gente había aceptado que el niño en desarrollo en el vientre de una madre era sólo un animal reflejando su ascendencia evolutiva, había menos y menos problema para destruirlo. A medida que las ideas evolucionistas se hicieron más aceptadas, se hizo más fácil aceptar el aborto. De hecho, algunas clínicas de aborto en Estados Unidos han llevado a las mujeres a un lado para explicarles que lo que se está abortando sólo es un embrión en la etapa evolutiva de pez, y que el embrión no se debe considerar un humano. A estas mujeres se les está alimentado con mentiras descaradas.

Una vez más, permítanme decir aquí que el aborto sin duda existía antes que Darwin popularizara su teoría de la evolución. Sin embargo, su teoría de la evolución se ha utilizado para darle al aborto su respetabilidad, y así vemos el gran aumento de abortos en la actualidad. ¡Y piense en esto! Mientras más se les dice a las generaciones

13. Wilbert H. Rusch, Sr., "Ontogeny Recapitulates Phylogeny" (Ontogenia recapitula la filogenia) *Creation Research Society 1969 Annual*, vol. 6, No. 1, junio de 1969, p. 28.

de personas que lo que se está desarrollando en el vientre de la mujer es sólo un animal (porque todos los seres humanos son supuestamente sólo animales— monos), más gente pensará en los bebés no nacidos como gatos de sobra: Si usted se deshace de los gatos de sobra, ¿por qué no deshacerse de los seres humanos de repuesto por aborto? Después de todo, ¿si los seres humanos son simplemente animales, por qué en última instancia, importa lo que suceda?

5. Los métodos de negocio y la evolución

En la última mitad del siglo 19, una filosofía generalizada conocida como "darwinismo social" dominó el pensamiento de muchos magnates industriales de la época. Ellos creían que debido a que la evolución era cierta en la esfera biológica, los mismos métodos deben aplicarse en el mundo de los negocios: la supervivencia del más fuerte, la eliminación de los débiles, ningún amor por los pobres.

En 1985 uno de los grandes bancos de Australia (el National Australia Bank), en una revista conmemorativa con respecto a su incorporación a otro banco, hizo el uso de los principios darwinianos de la supervivencia de los más fuertes para justificar su unión. Hay muchos otros ejemplos en los libros de historia de empresarios famosos que han aceptado el evolucionismo y lo han aplicado en el campo de los negocios.

Más recientemente, se ha dicho que una empresa de medios que cambió de imprimir a publicar solamente en línea estaba "abrazando al concepto darwiniano de la supervivencia del más apto," porque "era prácticamente evidente que los periódicos diarios físicos iban a desvanecer como los dinosaurios".[14] Incluso, en la política norteamericana, los políticos identifican los principios del darwinismo social y la supervivencia del más apto en la política de sus oponentes. Irónicamente, esta identificación a menudo se señala de manera negativa.[15] Hay muchos otros ejemplos en los libros de empresarios

14. Adele Ferguson, "Fairfax Changes Have Some Way to Run" (Cambios de Fairfax tienen alguna forma de ejecutar), *Sydney Morning Herald*, http://m.smh.com.au/business/fairfax-changes-have-some-way-to-run-20120618-20jfn.html.
15. Sharon Cohen, "Fair Shot or Freedom? Words Define Campaign 2012" (¿Oportunidad justa o libertad? Las palabras definen la campaña 2012), *Businessweek*, http://www.businessweek.com/ap/2012-06/D9VEAMS00.htm.

destacados quienes han aceptado las ideas evolucionistas y las han aplicado en el campo de negocios.

6. El machismo y la evolución

Muchos tratan de culpar al cristianismo por la actitud machista de muchos hombres en nuestra sociedad. Ellos afirman que la Biblia enseña que los hombres son superiores a las mujeres y que las mujeres no son iguales a los hombres. Esto, por supuesto, no es cierto. La Biblia enseña que los hombres y las mujeres son iguales, pero tienen diferentes funciones, debido a la manera en que Dios los creó, y debido a sus reacciones a la tentación de la serpiente (1 Timoteo 2:12-14). En *New Scientist (Nuevo científico)*, Evelleen Richards dice: "En un período en que las mujeres comenzaban a exigir el sufragio, la educación superior y la entrada a las profesiones de la clase media, era de consuelo saber que las mujeres nunca podrían superar a los hombres; el nuevo darwinismo científicamente lo garantizaba. "Ella continuó en el artículo diciendo: "...una reconstrucción evolutiva que se centra en el hombre agresivo, territorial y cazador y que relega a la mujer a la domesticidad sumisa y a la periferia del proceso evolutivo".[16] Es decir, algunos han utilizado la evolución darwiniana para justificar que las mujeres son inferiores. Sin embargo, hay quienes en el movimiento feminista en la actualidad que usan la evolución para tratar de justificar que las mujeres son superiores. Incluso hay quienes usan la evolución para justificar los derechos de los niños. Cuando se piensa en ello, cualquier teoría que justifica ya sea la supremacía masculina o femenina, no justifica a ninguna.

Las mujeres cristianas tienen que darse cuenta de que el movimiento feminista radical está impregnado de la filosofía evolucionista. Las mujeres cristianas tienen que estar alerta y no tienen que dejarse engañar por tal movimiento anti-Dios.

¿Cómo pueden los cristianos cambiar la cultura?

Se podría escribir un libro entero acerca de la justificación de muchos de los males que vemos hoy debido a la aceptación fundamental de la filosofía evolucionista. Pero en esta etapa la gente comienza a decirme:

16. Evelleen Richards, *New Scientist* [Nuevo científico], vol. 100, el 22/29 de diciembre de 1983, p. 887.

"¿Está culpando a la evolución de todos los males de la sociedad?" Mi respuesta es: "Sí y no". No, porque no es principalmente la evolución la que tiene la culpa, sino el rechazo de Dios como Creador. A medida que la gente rechaza al Dios de la creación por lo tanto, rechazan Sus reglas, abandonan la ética cristiana y aceptan creencias de acuerdo a sus propias opiniones. Sí, porque, en un sentido muy real, la justificación para que las personas rechacen al Dios de la creación es el llamado punto de vista "científico" de la evolución. La evolución es la principal justificación en la actualidad para rechazar la creencia en la creación divina.

La siguiente ilustración es mi favorita y resume muy bien de qué se trata este libro.

A la izquierda vemos los cimientos de la palabra del hombre. El castillo construido sobre ellos representa la cosmovisión humanista secular. Lo que procede de esta cosmovisión son los asuntos sociales (matrimonio gay, aborto, y así sucesivamente) que hemos estado discutiendo. A la derecha vemos los cimientos de la Palabra de Dios, y construido sobre ella está el castillo representando la cosmovisión bíblica (doctrinas, evangelio, y así sucesivamente). A medida que parte de los cimientos de la Palabra de Dios es atacada (tanto por secularistas como cristianos que hacen concesiones con la Palabra de Dios con la evolución y millones de años), la estructura comienza a derrumbarse. Sin embargo, en la estructura cristiana, los cañones se

dirigen ya sea el uno al otro, o no apuntan a ninguna parte, o apuntan a los asuntos sociales.

Puede que muchos estén de acuerdo en cuanto a luchar en contra de tales asuntos como el aborto, el matrimonio gay, la inmoralidad sexual, la pornografía, y así sucesivamente. Pero si solamente atacamos al nivel de estos asuntos y no a la motivación de su popularidad, no vamos a tener éxito. Aun si las leyes se cambian en nuestra sociedad para ilegalizar el aborto y el matrimonio gay, la próxima generación, que es más secularizada, simplemente cambiarían la ley nuevamente. Uno no puede realmente legislar la moralidad – puesto que depende de los corazones y mentes. Si la iglesia quiere ser exitosa en cuanto a cambiar las actitudes de la sociedad hacia el aborto y el matrimonio gay, va a tener que luchar al nivel fundamental.

Es importante entender que estos asuntos morales son realmente las síntomas — y no el problema. Los cristianos en los Estados Unidos han gastado millones de dólares tratando de cambiar la cultura (tratando con los asuntos sociales), pero no ha funcionado. ¿Por qué no? Porque la Biblia no dice que vayamos a todo el mundo y cambiemos la cultura. La Biblia nos ofrece un mandato distinto:

> Y les dijo: Id por todo el mundo y predicad el evangelio a toda criatura (Marcos 16:15).

> Por tanto, id, y haced discípulos a todas las naciones, bautizándolos en el nombre del Padre, y del Hijo, y del Espíritu Santo; enseñándoles que guarden todas las cosas que os he mandado; y he aquí yo estoy con vosotros todos los días, hasta el fin del mundo. Amén (Mateo 28:19–20).

El punto es lo que cambia una cultura son mentes y corazones. Proverbios 23:7 dice claramente del hombre: "Porque cual es su pensamiento en su corazón, tal es él."

Los secularistas ciertamente entienden esto. Debido al hecho de que la mayoría de los estudiantes de hogares cristianos estudian en el sistema educativo secular, estos estudiantes están siendo adoctrinados por el mundo en las ideas seculares. Las iglesias mayormente han procurado enseñar a los jóvenes el mensaje de Jesús y las doctrinas cristianas – mientras el sistema educativo ha estado cambiando su pensamiento para que, en vez de partir de la Palabra de Dios, hagan la palabra del hombre su punto de partida. A través del tiempo, la cosmovisión del estudiante cambia a una secular, y a la medida en que esto sucede con mayor frecuencia, más cesan las personas de ser sal y luz — y la cultura cambia.

Los cristianos creen que la lucha es con la cultura y los asuntos morales — pero finalmente la lucha es una que es fundamental respecto a la Palabra de Dios contra la palabra del hombre. La mayoría de líderes cristianos, según nuestra experiencia e investigación, han hecho concesiones en alguna manera entre Génesis y las creencias de la evolución/millones de años de nuestros días — por tanto han contribuido a este cambio en el fundamento de la próxima generación.[17] Ésta también es la razón por la que muchos cristianos no entienden la lucha porque, en la realidad, han estado ayudando al enemigo.

Los cristianos están luchando en una guerra, pero no saben cómo lucharla o a dónde deben apuntar sus armas. Éste es el verdadero problema. Si queremos ver colapsar la estructura del humanismo (lo que cualquier cristiano pensante debe querer), entonces tenemos que volver a apuntar los cañones a los cimientos de la evolución. No será hasta que los cimientos sean destruidos que colapsará la estructura. En otras palabras, necesitamos criar a generaciones las cuales se sostendrán con denuedo, sin vergüenza de la verdad y sin hacer concesiones sobre la autoridad de la Palabra de Dios. Necesitan saber lo que creen y por qué lo creen. También tienen que ser enseñados como defender la fe cristiana contra los ataques seculares de nuestros días (enseñados en la apologética general y de la creación). Si criamos a generaciones así, serían sal y luz verdaderas, y cambiarían el mundo. La segunda ilustración del castillo ilustra la solución.

Estimado lector, hay una guerra embravecida. Somos soldados del Rey. Es nuestra responsabilidad estar por ahí luchando por el Rey de reyes y Señor de señores. Somos el ejército del Rey. Pero, ¿estamos usando las armas adecuadas? ¿Estamos luchando la batalla donde realmente importa? Desafortunadamente, muchos cristianos tienen lo que se consideraría en el ámbito militar como una estrategia totalmente

---

17. Para más sobre cómo las instituciones y líderes cristianos and están comprometiendo la Palabra de Dios, ver Ken Ham y Greg Hall, *Already Compromised*, con Britt Beemer (Green Forest, AR: Master Books, 2011)

ridícula. No están peleando la batalla donde está embravecida. No están luchando en el verdadero campo de batalla. No tienen ninguna esperanza de ganar. ¿Cuándo se van a despertar los cristianos en las naciones de todo el mundo al hecho de que tenemos que apuntar nuestras armas correctamente y pelear de manera agresiva y activa el tema de la evolución mediante la restauración de los cimientos de la creación?

En los países occidentales la mayoría de las iglesias hacen concesiones con la evolución. Muchos colegios teológicos y bíblicos enseñan que no importa el problema de la creación y la evolución. Ellos enseñan que se puede creer en la evolución y la Biblia, porque usted no tiene que preocuparse acerca de tomar Génesis literalmente. Esta postura de hacer concesiones está ayudando a destruir la estructura misma que dicen que quieren que permanezca en la sociedad: la estructura del cristianismo. El capítulo 10 desafía a todos los involucrados en posiciones pastorales y de enseñanza en nuestras iglesias a que adopten una postura positiva para el Dios de la creación y, por lo tanto, se opongan a las filosofías de anti-Dios que están destruyendo a nuestras naciones.

Capítulo 9

EVANGELISMO EN UN MUNDO PAGANO

HAY UNA CONTINUA GUERRA EN la sociedad, una batalla bastante real. La guerra es entre el cristianismo y el humanismo, pero debemos despertarnos al hecho de que, a nivel fundamental, en realidad se trata de la Palabra de Dios contra la palabra del hombre. Y el ataque contra la Palabra de Dios en esta era de historia es uno que se ha enfocado en los primeros 11 capítulos de Génesis.

Sin embargo, estando de acuerdo en esto, debemos recordar que nuestros enemigos no son en sí los secularistas, sino las potestades de la oscuridad que los han engañado:

> Pero si nuestro evangelio está aún encubierto, entre los que se pierden está encubierto; en los cuales el dios de este siglo cegó el entendimiento de los incrédulos, para que no les resplandezca la luz del evangelio de la gloria de Cristo, el cual es la imagen de Dios (2 Corintios 4:3–4).

Por ello, debemos demostrar gracia a los secularistas y los que hacen concesiones con la Palabra de Dios con las creencias de los hombres respecto a la evolución y millones de años, y dejarles ver claramente en nosotros los frutos del Espíritu, en todo lo que decimos, escribimos y hacemos.

Cuando los cristianos entienden la base de la naturaleza de la batalla, es una llave que les abre las razones de los sucesos en la sociedad. También es una llave que permite un acercamiento a la sociedad, permitiéndonos combatir su creciente énfasis anticristiano y su secularización de la cultura y la iglesia.

No fue hace mucho que la Palabra de Dios era la base de la sociedad occidental. Aun las personas no cristianas tenían un respeto por la Biblia y adoptaban la moralidad cristiana. Se enseñaba la creación en las universidades y en el sistema de escuelas, las personas enviaban automáticamente a sus hijos a la escuela dominical o a lugares similares para que aprendieran absolutos cristianos. Las aberraciones sexuales, en todas las áreas, eran ilegales. El aborto, en la mayoría de casos, se consideraba asesinato. El matrimonio gay no se permitía.

Pero, ¿qué sucedió? En esta era de historia, un ataque particular contra la Palabra de Dios (un ataque que comenzó en Génesis 3) comenzó a cambiar la manera en que las personas veían a la Biblia. En los finales de los años 1700 y en los 1800, se popularizó la creencia en millones de años en los estratos que llevaban fósiles. Esta creencia fue el resultado del naturalismo (ateísmo).[1] De ahí, algunos líderes cristianos adoptaron la idea de millones de años e intentaron encajarlos en el relato bíblico de la historia en Génesis. Como resultado, algunos líderes de la iglesia promovieron la idea de un paréntesis, o brecha, entre Génesis 1:1 y Génesis 1:2 para encajar estos supuestos millones de años. Otros re-interpretaron los seis días de la creación como largos periodos de tiempo. Algunos rechazaron el diluvio global, diciendo que sólo fue una inundación local.

Luego en 1859, Charles Darwin, edificando sobre estos supuestos millones de años en la geología, aplicó la idea a la biología y afirmó que los pequeños cambios observados en las especies forman parte de un mecanismo para evolución biológica. (Siempre han existido puntos de vista evolutivos que se oponen al verdadero registro de la creación. Darwin no originó la idea de la evolución, solamente popularizó una versión particular de ésta). Se promovió la evolución como ciencia.

1. Para ver más sobre la popularización del naturalismo, ver Terry Mortenson, *The Great Turning Point* (sólo en inglés) (Green Forest, AR: Master Books, 2004).

Pero, nuevamente, tenemos que entender la diferencia entre la ciencia observacional y la ciencia histórica. La creencia de Darwin sobre la evolución se trata de la ciencia histórica — una creencia acerca del pasado. Desde el tiempo de Darwin, mucha investigación ha mostrado que la ciencia observacional (por ejemplo: el estudio de la genética) no confirma las ideas de Darwin sino que las contradice.

Entre la popularización de millones de años y la evolución, la iglesia fue tomada por sorpresa porque no supo manejar la situación. Puesto que no entendía la naturaleza verdadera de la ciencia (por ejemplo: millones de años y evolución de molécula-a-hombre tratan con la ciencia histórica, y no la ciencia observacional), muchas personas creían que la evolución darwiniana y millones de años tenían que aceptarse como hechos.

Así que esta perspectiva evolucionista de orígenes geológicos y biológicos comenzó no sólo para permear nuestra sociedad sino también para permear la iglesia. Como fue dicho anteriormente en este libro, la mayor parte de la iglesia no pensaba que realmente importaba si los cristianos creían en la evolución y/o millones de años, siempre cuando creían en el evangélico salvífico de Cristo. Sin embargo, lo que no entendían muchos cristianos es que aunque aceptar millones de años y/o evolución no es un ataque directo contra la cruz, sí es un ataque contra la autoridad de la Palabra — La Palabra de la cual proviene el mensaje del evangelio.

Como se afirmó en el capítulo anterior, el enfrentamiento que vemos en nuestra sociedad de hoy en día es el enfrentamiento entre la religión cristiana con todo su fundamento de creación (y, por lo tanto, absolutos) y la religión del humanismo con su fundamento evolutivo y su moralidad relativa que afirma: "todo va". ¿Qué podemos hacer al respecto? Debemos predicar el evangelio. Esto implica enseñar todo el consejo de Dios para asegurarnos de que Jesucristo reciba toda la gloria debida a Su nombre. Pero, ¿qué es el evangelio? Muchos no entienden la sustancia entera del evangelio. Este evangelio comprende:

1. Las enseñanzas que son la base fundamental: Jesucristo es Creador y Él hizo al hombre; el hombre se rebeló contra Dios y, por esto, el pecado entró al mundo; Dios puso sobre el hombre la maldición de la muerte.

2. El poder del evangelio y lo central del evangelio: Jesucristo, el Creador, vino y sufrió la misma maldición de la muerte en una cruz y fue levantado de los muertos (conquistando así la muerte); todos los que acuden a Él, arrepentidos por sus pecados (rebelión), pueden volver a la perfecta relación de amor con Dios que se había perdido en el jardín del Edén.

3. La esperanza del evangelio: toda la creación está sufriendo los efectos del pecado y se está deteriorando lentamente (Romanos 8:22); todas las cosas serán restauradas (la consumación de todas las cosas) cuando Jesucristo venga a completar Su obra de redención y reconciliación (Colosenses 1; 2 Pedro 3).

Muchas personas utilizan 1 Corintios 15 como un pasaje que define el evangelio y afirman que sólo habla de la crucifixión de Jesucristo y que se levantó de los muertos. Sin embargo, en 1 Corintios 15:12–14, Pablo dice: "Pero si se predica de Cristo que resucitó de los muertos, ¿cómo dicen algunos entre vosotros que no hay resurrección de muertos? Porque si no hay resurrección de muertos, tampoco Cristo resucitó. Y si Cristo no resucitó, vana es entonces nuestra predicación, vuestra fe es vana. . . . "

En otras palabras, Pablo está hablando sobre las personas que no creen en la resurrección. Pero ahora, mire el rumbo que toma

Pablo. En el versículo 21, él vuelve a Génesis y explica el origen del pecado: "Porque por cuanto la muerte entró por un hombre, también por un hombre la resurrección de los muertos". Establece la razón fundamental del porqué Jesucristo vino y murió en la cruz. Es importante darse cuenta de que el evangelio se compone tanto de los aspectos fundacionales como de otros elementos como los descritos arriba. Por lo tanto, predicar el evangelio sin el mensaje de Cristo como Creador y la aparición del pecado y la muerte, es predicar el evangelio sin un fundamento. Predicar el evangelio sin el mensaje de Cristo y Su crucifixión y resurrección es predicar un evangelio sin poder. Predicar el evangelio sin el mensaje de la venida del reino es predicar el evangelio sin esperanza. Todos estos aspectos constituyen el evangelio. Por esto, para entender el mensaje del evangelio apropiadamente, debemos entender todos los aspectos.

Incluso Jesús, en su aparición a los dos en el camino de Emaús, explicándoles las cosas respecto de sí mismo (su reciente crucifixión y resurrección), leemos, "Y comenzando desde Moisés, y siguiendo por todos los profetas, les declaraba en todas las Escrituras lo que de él decían" (Lucas 24:27).

Métodos de evangelismo

Muchos cristianos sienten que es suficiente predicar sobre la muerte de Cristo por nuestros pecados, la necesidad de arrepentimiento, y el recibir a Cristo como Salvador, dejando el trabajo al Espíritu Santo. Sin embargo, es bastante evidente que los evangelistas de la iglesia primitiva utilizaban diferentes presentaciones según las personas que se encontraban ante ellos. Los ejemplos abundan en el libro de Hechos y en los Evangelios:

Juan 4 — Jesús utilizó el acercamiento del "agua viva" en el pozo.

Hechos 2 — Pedro utilizó la explicación de las circunstancias del día de Pentecostés como punto de partida.

Hechos 3 — Pedro utilizó la sanación del hombre cojo para hablar del poder de Dios.

Hechos 7 — Esteban dio una lección de historia al Sanedrín.

Hechos 13 — En la sinagoga, Pablo predicó a Jesús como el Cristo.

Hechos 14 y 17 — Pablo les predicó a los gentiles sobre el Dios Creador.

El Señor ha levantado ministerios de la creación en todo el mundo, para que así, todos los métodos necesarios estén disponibles para evangelizar a nuestra sociedad. El Señor nos ha provisto de una herramienta poderosa y fenomenal que debe ser usada hoy en día: *el evangelismo de la creación*. Creemos que la principal razón por la cual la iglesia es relativamente tan ineficaz es resultado directo de no evangelizar correctamente. La iglesia está proclamando el mensaje de la cruz y de Cristo, pero no es tan eficaz como lo solía ser. También leemos en el Nuevo Testamento (1 Corintios 1:23) que la predicación de la cruz era una locura para los gentiles (griegos), pero sólo una piedra de tropiezo para los judíos. Tenemos que tomar una lección del Nuevo Testamento. En Hechos 14 y 17, se nos da dos enfoques específicos para los griegos. Era un método diferente del que se utilizaba para los judíos. Cuando Pablo fue a los griegos, no comenzó predicando acerca de Jesucristo y de la cruz. Los griegos creían en una forma de evolución y, ante sus ojos, no había ningún Dios Creador que tuviera autoridad sobre ellos.

Sólo hay dos tipos de puntos de vista acerca de los orígenes: el evolutivo o el creacionista. Si uno no cree que hay un ser infinito que creó todo, la única alternativa es que algún tipo de evolución deba aplicarse.

Cuando pensamos en esto con mucho cuidado, podemos empezar a entender por qué Pablo necesitaba acercarse a los griegos con el fundamento de la creación. Los griegos que no creían en Dios como Creador sino más bien en una forma de evolución, tenían el fundamento equivocado y, por lo tanto, el marco equivocado de su forma de pensar sobre este mundo. (Ellos no tenían concepto del pecado

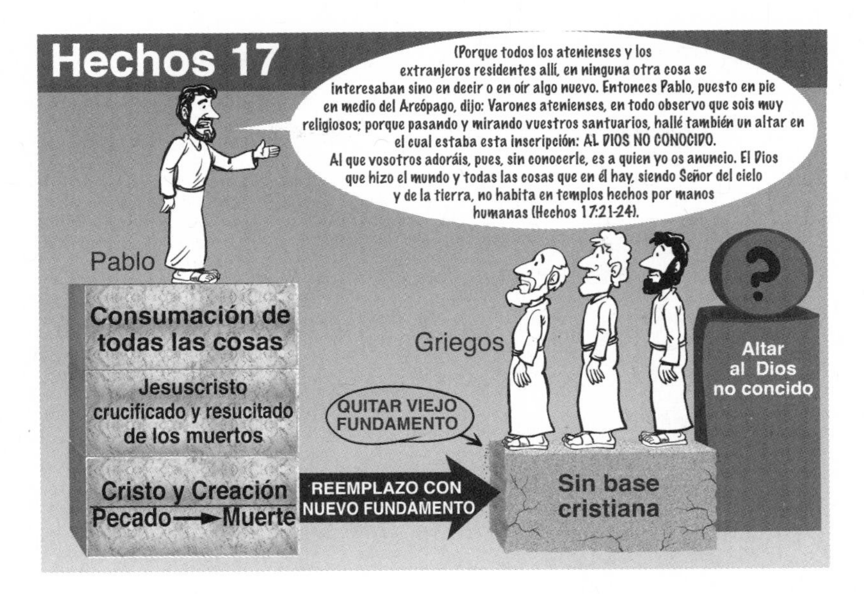

original porque ellos no tenían o no creían en los escritos de Moisés reference a Adán y Eva.) En consecuencia, la predicación de la cruz era una tontería para ellos. Pablo se dio cuenta de que, antes de que pudiera predicar sobre Jesucristo, tenía que establecer el fundamento sobre el cual se podría construir el resto del evangelio. Asi, que estableció la creación como fundamento; y explicó que todos somos "una

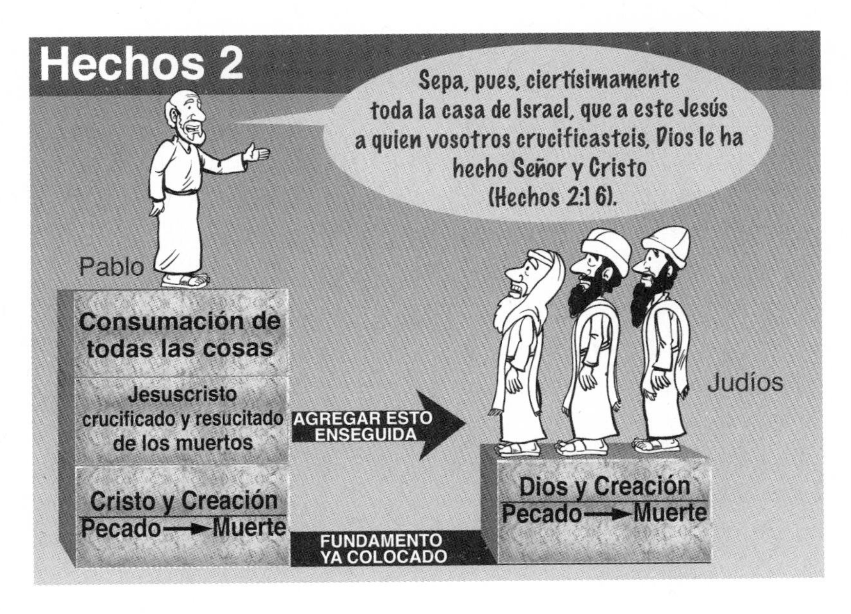

sola raza" (asentando las bases históricas que son fundamentales para el Evangelio) y de alli predicó el mensaje de Jesucristo.

Cada vez que se dirigían a los judíos, no era con el mensaje de la creación como primera alternativa, sino con la enseñanza de Cristo y de la cruz (por ejemplo: Pedro en el Día de Pentecostés en Hechos 2). Los judíos (en esa época de la historia) ya tenían la base correcta porque creían en Dios como Creador; ellos creían en el relato de Adán y Eva y la caída; ellos entendían el significado del primer sacrificio y la razón por la que tenían el sistema sacrificial; por lo tanto, tenían el marco correcto para entender el evangelio. No obstante, su piedra de tropiezo fue que Jesús es el Mesías (1 Corintios 1:23).

Llegó la hora en la que a la iglesia moderna le tocó enfrentarse con una sociedad más "griega" que "judía" en cuanto a perspectivas (utlizando los términos "griego" y "judío" como tipos). De hecho, la propia iglesia moderna es en gran medida más "griega" que "judía". En otras palabras, la cultura occidental de antes era más como Hechos 2, donde la mayoría de las personas sabían acerca de, o creeían la historia en Génesis concerniente a Adán y Eva y la entrada del pecado. Sin embargo, el Mundo Occidental de hoy se ha vuelto mucho más como Hechos 17, con generaciones que ya no creen en el relato de historia en Génesis.

En una cultura de Hechos 2 (una que es más judía), uno podía predicar el mensaje de pecado, de la crucifixión y la resurrección, y de nuestra necesidad por el arrepentimiento, y las personas entendieran — e incluso responder al entregar sus vidas al Señor.

En una cultura de Hechos 17 (una que es más griega), la predicación del mensaje de pecado y la crucifixión y la resurrección realmente no se entiende. Tal cultura necesita una presentación del evanglio de la misma manera en que lo presenta Dios en la Biblia — ¡empezar en el principio! Y en esta era de historia, el predicar el evangelio al iniciar desde el principio, también hay necesidad de enseñanza apologética para responder a las preguntas escépticas de nuestros días y tratar con el adoctrinamiento de evolución y millones de años que ha provocado a muchas personas a rechazar la veracidad de la historia bíblica. Debido a que la gente no cree en la veracidad de la historia, no escuchan al evangelio que se basa en esa historia.

En el pasado, la base de la creación era evidente en la sociedad y la gente era menos ignorante de la doctrina cristiana, pero ya a finales del siglo 20 y principios del siglo 21, se da con la situación que el hombre sabe poco sobre ello. Tenemos que enfrentarnos constantemente al hecho de que la evolución y millones de años se ha convertido en uno de los mayores obstáculos para que la gente de hoy en día pueda ser receptiva al evangelio de Jesucristo. Tenemos muchas cartas, correos electrónicos y llamadas de personas que indican que no iban a escuchar las afirmaciones del cristianismo, porque pensaban que la evolución y millones de años había demostrado que éstas eran erróneas.

Debemos notar que hay generaciones enteras de estudiantes que vienen de un sistema educativo que no sabe nada de la Biblia. Ellos nunca han oído hablar de la creación, la caída del hombre o el diluvio de Noé. No entienden la historia fundamental, y por ende no entienden el evangelio basado en esa historia. Es difícil creer que hay literalmente millones de personas en la sociedad occidental que no tienen este antecedente, pero esto es cada vez más evidente.

Debido a un número creciente de instancias, es aparente que antes de proclamar efectivamente el mensaje de Cristo, debemos establecer el fundamento de la creación/caída sobre la cual se edifica el resto del evangelio.

Permíteme ser enfático aquí. La doctrina de la cruz, aunque se considera como absurda e inútil por los no cristianos, tiene más poder y sabiduría que cualquier cosa que proceda del hombre. La predicación de esta doctrina es el gran medio de salvación. Por ello, todas las demás enseñanzas, por importantes que sean, son o bien preparatorias o secundarias. La doctrina de Cristo crucificado produce efectos que sólo el poder divino puede lograr. Así, al decir que tenemos que partir de la base fundamental de la creación, no estoy desvirtuando el mensaje de la cruz. Lo que estoy tratando de mostrar es que hay un método particular de enfoque que es necesario al presentar el mensaje del evangelio a ciertas personas. Las creencias que tienen pueden ser barreras aun para escuchar cuando usted predica el mensaje de la cruz.

Tal vez, también, debemos repensar el método predominante en los círculos cristianos de entregar a los incrédulos numerosas copias del Nuevo Testamento, de los Salmos y los Proverbios. Si ellos fueran dirigidos a Génesis 1 al 11 (junto con algunas respuestas a las preguntas escépticas que hacen que duden de la Palabra de Dios en esta era de la historia), así como al Nuevo Testamento, serían provistos los fundamentos para la presentación del evangelio, en el mismo sentido como el que usó Pablo en Hechos 14 y 17. Creemos que habría una mayor efectividad en la vida de los que leen estas porciones de la Biblia, una mayor preparación para aceptar la totalidad de la Palabra de Dios como veraz e infalible.

Y cuando lo piensan realmente, la Biblia es para todas las personas, para todas las edades y se sostiene para la eternidad. ¿Y cómo presenta Dios el evangelio en Su propia Palabra? Él empieza desde el principio — ¡con Génesis! Por eso, debemos utilizar este método con todas las personas. Pero también digo, al entender el hombre del Siglo 21, sabemos que se ha utilizado la enseñanza de evolución y millones de años para atacar la Palabra de Dios en Génesis — las ideas evolucionistas crean dudas e incredulidad concerniente a la Palabra de Dios. Es así por qué, en esta era de la historia, necesitamos utlizar la apologética de la creación para tratar con las barreras que hacen a la gente no creer o dudar de la Palabra de Dios en Génesis, para que entiendan que la historia en la Biblia es verdad, y por tanto el evangelio basado en esa historia es verdad.

También se puede ver a la evolución como barrera en los países musulmanes. En una ocasión, estaba hablando con un egipcio cristiano que me dijo que el islam es una religión basada en la creación; sin embargo, la enseñanza de la evolución en las escuelas en Egipto causó que mucha gente joven rechace totalmente esta religión. Es interesante ver que otra religión basada en la creación tiene el mismo problema con la evolución. Esto debería hacer que los cristianos entiendan de manera más clara que la evolución es una barrera para las personas que creen en un Dios Creador.

He visto este problema en el sistema de las escuelas públicas. Los estudiantes suelen decir cosas como: "Oiga usted, ¿cómo se puede creer que la Biblia es cierta cuando dice que Dios creó a Adán y a Eva? Sabemos que a través de la ciencia se ha demostrado que esto es incorrecto". La evolución, en mi opinión, es uno de los mayores obstáculos para que la gente de hoy en día pueda ser receptiva al evangelio de Jesucristo. Muchas personas (que antes no habrían considerado al cristianismo) han escuchado el mensaje del cristianismo después de que se eliminaron estas barreras.

Por ejemplo, un estudiante de secundaria escribió:

> Agradezco a Dios por el seminario de ciencia de la creación en nuestra escuela secundaria. La información era actualizada, relevante y creó mucha discusión. Después del seminario, varios estudiantes dijeron que creían lo que se dijo. Ciertamente sentían que el orador tenía más sentido de cómo todo comenzó, que gran parte de lo que habían escuchado en la escuela. Sin la visita de la Respuestas en Génesis, muchas personas todavía considerarían la mentira de la evolución como un hecho. Muchos estudiantes, que solían creer en la evolución, ahora creen en la explicación que da el libro de Génesis, gracias a la ciencia creacionista. La ciencia de la creación tiene un gran campo misionero, y un gran papel que desempeñar en las escuelas. Les corresponde a personas como yo continuar siendo fiel al mensaje que ellos traen y extender el gran trabajo realizado.

Esto fue la apologética de la creación en marcha. He escuchado este testimonio muchas, muchas veces durante mis años en el ministerio del evangelismo de la creación.

Si el pueblo de Dios no acepta la herramienta de evangelismo de la creación y lo utiliza, vamos a sufrir las consecuencias de un método muy ineficaz para proclamar la verdad. Es por esto que los ministerios de la creación son tan importantes en el presente. Se refieren a los fundamentos sobre los que el cristianismo depende, los fundamentos que se han eliminado en gran medida de nuestra sociedad.

Desde que este mensaje ha sido predicado en toda Australia, los Estados Unidos y otros lugares en todo el mundo, hemos visto a la gente tomar los pensamientos y las publicaciones y desafiar a otros en el área de la creación. Al enfrentar ese tema, se han encontrado abiertos al evangelio, mientras que antes simplemente se burlaban cuando el tema de Cristo era planteado. Por la gracia de Dios, ¡el evangelismo de la creación funciona!

Cada vez más, las organizaciones (como New Tribes Mission – Misión Nuevas Tribus) también reconocen que al presentar el evangelio a un grupo pagano, es mucho más efectivo empezar enseñando cronologicamente por la Biblia, empezando con Génesis.[2] Luego cuando llegan al mensaje de la cruz, las personas entienden el evangelio — y responden.

Cuando los recién convertidos entran a una iglesia, deben ser guiados a un estudio de la Biblia en el libro de Génesis. Así aprenderán exactamente de lo que se trata el cristianismo y aprenderán la base de toda la doctrina cristiana. Los resultados vienen simplemente de predicar acerca de Cristo y de la cruz en nuestra sociedad presente, porque todavía hay un remanente de personas como de Hechos capítulo 2 con la base de la creación para esa predicación. Pero este remanente está desapareciendo muy rápidamente y, por lo tanto, la respuesta es mucho menor hoy que en el pasado. Es hora de que nos despertemos y utilicemos las herramientas que el Señor ha provisto para evangelizar a una sociedad que ha llegado a ser como los antiguos griegos. Es hora de restaurar los cimientos del cristianismo.

Un buen ejemplo del evangelismo de la creación en el trabajo, se puede resumir en la carta que recibimos de un joven estudiante universitario muy emocionado:

> Me gustaría darles las gracias por su ministerio, por ayudar a la gente a entender que Jesús realmente creó este mundo.
>
> Quiero compartir un testimonio que oro pueda animarlos en su lucha contra la evolución.
>
> Mi padre, por sesenta y cinco años había sido ateo, él siempre había sido ateo, siempre dispuesto a derribar las creencias de cualquiera acerca de Dios en general, pero sobre todo si se afirmaba que Dios había creado el mundo. Papá pensó que la Biblia era ilógica y un libro para los de mente simple. "¿Cómo podía contener algo de verdad?", se cuestionaba. El suponía que la evolución era la única manera científica posible para explicar la formación de la tierra. Sintiendo este ataque espiritual, mi fiel madre oró por veinte años por la mente de papá, para abrirla a la verdad y para que este engaño fuera desbaratado. Hace dos años, cuando yo tenía dieciocho

2. Por un ejemplo (en inglés) del evangelismo por cronología, ver *Ee-taow!* DVD, dirigido por John R. Cross (Sanford, FL: New Tribes Mission, 1999).

años y había sido cristiano por tres años, decidí irme a un seminario de ciencia de la creación. No puedo explicarles cuán impresionado estaba con estos cristianos creyentes en la Biblia, presentando la verdad científica sobre la creación. Esto hizo que mi fe en la Palabra de Dios sea cada vez más fuerte y yo estaba muy gozoso de tener la posibilidad de tomar una posición científica para explicar cómo Dios creó el mundo.

En el quiosco en el seminario, me compré varios libros y revistas. Uno en particular era *Bones of Contention (Los huesos de la discordia)*. Me encantó tanto leer esta revista que animé a papá a leerlo. Con escepticismo, él lo tomó y comenzó a leerlo. Tres días después, le pregunté qué pensaba al respecto. Para mi sorpresa, afirmó que realmente le hizo pensar. Ante este buen comienzo, procedí entonces a darle los otros libros que había comprado.

Unas semanas más tarde, papá estaba haciendo declaraciones como: "No sabía que había tantos huecos en la teoría de la evolución. Debe haber habido un Ser Todopoderoso que creó el mundo." Cada nuevo día, Jesús comenzó a unir las piezas del rompecabezas en la mente de papá sobre la creación y la afirmación de Jesús en su vida. Unas semanas más tarde, un evangelista vino a nuestra iglesia. La misma noche papá decidió ir. El evangelista trató el tema de la creación versus la evolución. ¡El tiempo de Dios es perfecto! ¡Esa noche papá aceptó a Jesucristo en su corazón como su Salvador personal! ¡Alabo a Dios ya que Él puede sacar un alma perdida en la carretera al infierno y ponerlo en el camino a la vida, simplemente porque una comprensión de cómo creó Dios el mundo se formó en su mente!

Gracias...por enseñar a la gente acerca de la creación. Quiero animarlos en su lucha contra Satanás. El Señor está haciendo cosas maravillosas como resultado de su esfuerzo.

Esta carta fue escrita hace más de 25 años, y seguimos recibiendo tales respuestas de varias personas hasta la fecha – pero en mayores cantidades a la medida en que ha crecido el movimiento creacionista bíblica y tomado un gran efecto en las iglesias y la cultura. La necesidad creciente por la apología creacionista es evidente en este testimonio de un lector de nuestra revista *Answers*, que se publica en inglés varias veces al año:

> Soy coordinador para los años 4to y 5to [en nuestra iglesia]. Hemos estado utilizando *New Tribes Firm Foundations: Creation to Christ (currículo De la creación a la cruz)* por casi dos años. Los resultados son inestimables. Desde el momento en que entré en la universidad, he cuestionado la manera en que la iglesia generalmente está presentando el evangelio en nuestros días. En realidad, los simples tratados que presentan solamente que Jesús murió, que fue sepultado y que resucitó, no tienen el mismo impacto que tenían una vez. Yo creo que una de las razones por esto se debe al analfabetismo bíblico que domina nuestra sociedad. Inicialmente, cuando se regalaba tratados, se les daban a personas que tenían algún tipo de trasfondo bíblico; pero hoy en día, es difícil encontrar personas con un mínimo de conocimiento bíblico. Desafortunadamente, también se encuentra este analfabetismo bíblico en la iglesia — y mucho más de lo que quiere admitir la mayoría de la gente. Desde el momento en que empezamos a abordar el evangelio con evangelismo creacionista, tanto los niños como los padres han crecido en su conocimiento de las Escrituras. Ellos entienden que la Biblia es un relato de historia continua, con un propósito asombroso — el mensaje de la redención solamente mediante Cristo. Sólo cuando se revela este propósito asombroso puede uno conectar los puntos a través de las Escrituras, encender la luz y lograr un entendimiento bíblico de la redención. También he visto que esto funciona con los vecinos y los niños en la YMCA (asociación de jóvenes cristianos). Yo creo que, en la mayoría de los casos, el evangelismo creacionista es una necesidad.

¡El evangelismo creacionista es una necesidad! Este profesor ha visto el fruto de empezar desde el principio cuando comparte el evangelio en la cultura actual – la cual es la táctica que utilizamos en el Museo de la Creación, Petersburg, Kentucky, EE.UU. Recientemente, un miembro de Respuestas en Génesis compartió el testimonio de una familia que visitó el Museo de la Creación y la llamó después para compartir las noticias:

> Una familia visitó a su hermano y cuñada para el Día de Acción de Gracias y querían ver el museo; intentaron convencer a su familia extendida que los acompañara, pero no querían. Así que fueron el viernes después del Día de Acción de Gracias y pasaron por todo el museo, terminando con la película del Postrer Adán. Al terminar la presentación, su hijo de 6 años . . . recogió una tarjeta (unas para firmar si hace un compromiso por Cristo) y la llevó a su casa. Más tarde esa noche, cuando se estaba secando después de tomar un baño, volteó hacia su mamá y preguntó: "Mamá, ¿soy cristiano?" Así que hablaron y oraron porque él quería realmente conocer a Cristo. Estuvo tan feliz después de hablar que mientras se cepillaba los dientes, paraba para cantar: "¡soy cristiano, soy cristiano!" Fueron para decírselo a su padre y con mucho gozo sacaron la tarjeta para firmarla. Esa tarjeta ahora se encuentra en mi caja de memorias.

¡Qué bendición escuchar cuando un niño entrega su vida al Señor como resultado de visitar el museo. No obstante, el evangelismo creacionista alcanza más que niños. Un ex ateo me escribió su testimonio en 2010:

> Cuando estaba en la secundaria, nuestro profesor nos enseñó la evolución como si fuera un hecho. Estuvimos todos puestos en fila al lado de nuestros escritorios, cada uno con el mismo libro de tapa dura con sus páginas de brillo, pagados por el gobierno de los EE.UU., y nos dijeron que pudiéramos confiar en que nos darían la verdad.
>
> Fuimos adoctrinados para creer que todo lo que nos enseñaban los maestros era la verdad absoluta. Ellos eran educadores; nos entrenaron a esperar que ellos tuvieran las respuestas. Así que cuando nuestro maestro nos dijo que la vida había originado cuando una célula singular cobró vida por sí misma y que había evolucionado a toda la vida en la tierra, se me detuvo el tiempo. De inmediato me di

> cuenta de que esto significaba que la ciencia había refutado la Biblia. La vida y la muerte no tenían significado; todo fue meramente el resultado de procesos físicos naturales. Perdí mi [confianza] en Jesucristo.
>
> Fui ateo por diez años pero, por la gracia de Dios, alguien me dio unos DVD de Respuestas en Génesis después de una década de oscuridad. Mientras miraba como Ken Ham daba respuestas bíblicas a la evolución, me di cuenta de cómo me había lavado el cerebro el sistema educativo ateísta/público de los EE.UU
>
> Yo compré los libros y las revistas de Respuestas en Génesis, y especialmente disfrutaba de las ponencias en DVD. Hoy día, soy cristiano apasionado, enamorado de mi Señor y Salvador Jesucristo y, no puedo esperar para agradecer a Ken Ham y el resto del personal de Respuestas en Génesis por todo lo que han hecho para ayudarme con mi relación con Jesús.
>
> ¡Qué Dios bendiga tu obra bíblica para el Señor Jesús!
>
> — J. B.

Este testimonio es un gran ejemplo de cómo el evangelismo creacionista puede remover las barreras para la salvación en las personas. El Señor no sólo nos ha llamado a derribar las barreras de la evolución, sino también a ayudar a restaurar el fundamento del evangelio en nuestra sociedad. Si las iglesias tomaran la herramienta de evangelismo creacionista, (con la apologética de creacionismo) percibiríamos en la sociedad un cambio de la corriente de secularismo y del éxodo de los jóvenes de la iglesia.

En el periódico cristiano de Australia, *New Life*, del jueves 15 de abril de 1982, Josef Ton, que era un pastor de la iglesia bautista más grande en Rumania y ahora vive en exilio en los Estados Unidos, declaró: "Llegué a la conclusión de que fueron dos factores los que destruyeron el cristianismo en Europa Occidental. Uno fue la teoría de la evolución, y la otra, la teología liberal... La teología liberal es sólo la evolución aplicada a la Biblia y a nuestra fe".

También es digno de mención el comentario en el libro *By Their Blood: Christian Martyrs of the 20th Century (Par su sangre: Mártires cristianos del siglo 20)*, escrito por James y Martí Helfley:

Las nuevas filosofías y teologías de Occidente también ayudaron a deteriorar la confianza china en el cristianismo. Una nueva ola de llamados misioneros de denominaciones protestantes llegó a enseñar la evolución y una visión no sobrenatural de la Biblia. Fueron especialmente afectadas las escuelas Metodistas, Presbiterianas, Congregacionales, y las Bautistas del Norte. Bertrand Russell vino de Inglaterra a predicar el ateísmo y el socialismo. Los libros destructivos traídos por esos maestros debilitaron más a fondo el cristianismo ortodoxo. *Los intelectuales de China, quienes habían sido educados por los misioneros evangélicos ortodoxos, fueron de esta manera suavizados para el advenimiento del marxismo* (el énfasis es mío). La evolución está destruyendo a la iglesia y a la sociedad actual, y los cristianos necesitan despertar ante este hecho.[3]

Siembra y cosecha

Piense en la parábola del sembrador de la semilla (Mateo 13:3–23). Cuando la semilla cayó en tierra pedregosa y espinosa, no podía crecer. Creció sólo cuando cayó en tierra preparada. Nosotros lanzamos la semilla: eso representa el evangelio, pero está cayendo en tierra espinosa y entre los pedregales de la filosofía evolucionista de millones de años. El evangelio necesita tierra preparada. El evangelismo de la creación nos permite preparar la tierra para que la buena semilla se pueda dispersar y para que se pueda segar una gran cosecha. ¡Imagínese lo que pasaría si nuestras iglesias realmente se pusieran de pie a favor de la creación en nuestra sociedad! El evangelismo de la creación es uno de los medios por los que podríamos ver el avivamiento.

No estamos sugiriendo que un verdadero avivamiento pueda diseñarse con sólo adoptar ciertas estrategias humanas inteligentes. El avivamiento es esencialmente la obra soberana de Dios, derramando Su Espíritu. Pero la historia de la iglesia sugiere que el movimiento de Dios en esta área, se relaciona con los fieles en oración en Su pueblo y para los fieles en la predicación del evangelio, dando el debido honor a Dios y Su Palabra. Tenga en cuenta la naturaleza del "evangelio

3. James y Marti Hefley, *By Their Blood: Christian Martyrs of the 20th Century* (Milford, MI: Mott Media, 1979), p. 49–50.

eterno" predicado por el ángel en Apocalipsis 14:7: "Temed a Dios, y dadle gloria, porque la hora de su juicio ha llegado; y adorad a aquel que hizo el cielo y la tierra, el mar y las fuentes de las aguas." ¿Puede el cuerpo de Cristo realmente esperar un gran derramamiento del Espíritu de Dios en el avivamiento, mientras toleramos y nos comprometemos con un sistema religioso (la evolución y millones de años) que se creó principalmente para negar la gloria de Dios y la adoración debida a Él como el gran Creador, Juez y Redentor?

Como resultado del ministerio de ciencia de la creación, muchas personas que antes no escuchaban el evangelio, se han dado cuenta de que la evolución no ha sido probada como hecho científico. Ellos han escuchado el mensaje de la creación y de la redención, y han entregado sus vidas a nuestro Señor Jesucristo. Un gran número de cristianos han testificado que su fe en las Escrituras ha sido restaurada. En vez de venir a la Biblia con dudas, ahora ellos saben que realmente es la Palabra de Dios, pueden compartir los hechos del cristianismo con sus vecinos y amigos, sin preguntarse si se puede confiar en la Biblia. Los cristianos también han tenido que abrir sus ojos a la verdad; que para comprender el cristianismo, tienen que entender el libro fundamental, Génesis. Cuando los cristianos han sido equipados con las respuestas para las preguntas escépticas de nuestros días, ya no se sienten intimidados y se sostendrán con valor sobre la autoridad de la Palabra de Dios, responder las preguntas, y proclamar el evangelio.

Después de escucharme predicar sobre este tema en particular, un ministro en una iglesia informó a su congregación que antes él no se había dado cuenta de lo que había estado haciendo en su ministerio, en su intento por combatir la filosofía humanista. Era, por así decirlo, "cortar la parte superior de las malas hierbas". Las malas hierbas que se mantienen, vuelven a crecer más grandes y mucho mejor que antes. Después de escuchar el mensaje en el evangelismo de la creación, se dio cuenta de que esto simplemente no era lo suficientemente bueno. Él tuvo que quitar la pestilencia, las raíces y todo. El ministerio de la creación es un ministerio de arado: arar el suelo, deshacerse de la barrera de la evolución y millones de años (la eliminación de las malas hierbas) y preparar la tierra para que se plante la semilla.

Al pensar en la idea que presenté anteriormente, que nuestra cultura es más griega que judía, me gusta llamar a los ministerios de creacionismo bíblico como Respuestas en Génesis un ministerio "des-griegado" El pueblo de Dios necesita "des-griegar" el pensamiento de las personas, para que puedan entender y ser receptivos a la enseñanza de la Palabra de Dios y el evangelio.[4]

4. Sí, inventé esta palabra para arrestar la atención de la gente. La iglesia y la cultura han sido "griegadas" y necesitan ser "des-griegadas." De esto se trata el preparar buena tierra.

Capítulo 10

¡DESPIERTEN, PASTORES!

GRAN PARTE DE LA OPOSICIÓN al ministerio de la creación viene de dentro de la iglesia, sobre todo de parte de aquéllos que han hecho concesiones con el evolucionismo y aquéllos que se aferran a la teología liberal. En primer lugar, por favor entienda que no es mi intención sonar como si estuviera maltratando a los que han hecho concesiones entre el evolucionismo y la Biblia. Muchas personas simplemente no entienden los problemas reales involucrados. Ellos realmente creen que los científicos han demostrado la evolución y todos los temas relacionados. Para muchas personas, la creencia en posiciones como la evolución teísta, la Teoría de la Brecha y la creación progresiva salió de la presión absoluta de su creencia que si uno no cree en la evolución y/o millones de años, uno rechaza la ciencia misma. Sin embargo, tratamos con esto en los capítulos anteriores. Yo simplemente quiero recordarte que hay una vasta diferencia entre la ciencia histórica y la ciencia observacional. La lucha sobre orígenes es realmente una lucha entre dos relatos distintos de la ciencia histórica (creencias acerca del pasado).

En un seminario, una señora me dijo que el evolucionismo había destruido su fe en las Escrituras. Ella tenía un vacío tal en su vida que clamó al Señor y oró por una solución a este problema. A ella le resultaba imposible confiar en las Escrituras. Alguien la guio a una biblioteca y por casualidad encontró un libro sobre la Teoría de la Brecha. (La Teoría de la Brecha, básicamente, permite la existencia de miles de millones de años entre Génesis 1:1 y Génesis 1:2 via apendice 3) Ella estaba encantada con esta explicación y se dedicó a reconstruir su vida cristiana. Al final del seminario, ella vino a mí y exclamó lo emocionante que era saber que ya no tenía que creer en la Teoría de la Brecha. Sin embargo, ella dijo que el Señor había usado la Teoría de la Brecha para sacarla de una situación que había sido causada por el evolucionismo. Ahora ella podría confiar totalmente en la Biblia.

Ha habido muchos grandes hombres y mujeres cristianos en las generaciones pasadas que promovieron la Teoría de la Brecha o la evolución teísta. Sin embargo, ahora que podemos mostrar la verdadera naturaleza de la investigación científica evolucionista y podemos ver la poderosa evidencia que apoya a la Biblia en todas las áreas, no hay necesidad de aferrarse a estas posturas de hacer concesiones. No solamente falta la necesidad, sino que es imperativo que los cristianos renuncien a estas posturas y acepten la Biblia como la Palabra autoritativa de Dios. De hecho, tal debe ser nuestra postura aun cuando no tuviéramos todas las respuestas que tenemos hoy en día.

Santiago 3:1 nos advierte: ". . . no os hagáis maestros muchos de vosotros, sabiendo que recibiremos mayor condenación."

Apelo a todos los líderes cristianos a considerar seriamente sus creencias acerca de la pregunta sobre la creación y la evolución. Un ejemplo que cité anteriormente describe una visita a una escuela y la actitud receptiva resultante de los estudiantes al mensaje del evangelio. Compartí el testimonio de un joven estudiante de esa escuela. Una de las cosas que no mencioné fue la oposición virulenta de dos ministros de ese distrito que intentaron impedir mi entrada a la escuela. ¿Cuál era su razón? Dijeron que yo sólo confundiría a los estudiantes. Ellos indicaron que yo no tenía derecho de insistir en que la Biblia debía tomarse literalmente. Si hubieran tenido éxito en sus esfuerzos, muchos de aquellos estudiantes no estarían receptivos al evangelio.

En otro colegio, uno de los ministros locales pasó una gran cantidad de tiempo obteniendo un permiso especial para que el equipo de ciencia de la creación hablara con algunos de los alumnos en unas clases. Otro ministro local fue a la escuela y exigió el derecho de hablar después de que nosotros habláramos. Les dijo a los estudiantes que él era cristiano y un ministro de la religión y luego apeló a ellos para que no creyeran en lo que les estábamos diciendo. Dijo que creía en la evolución y que no creía que Génesis fuera cierto.

Tales eventos han ocurrido muchas veces durante mi experiencia como orador del ministerio de la creación. Una y otra vez, escuchamos a ministros afirmar que nosotros sólo confundiríamos a los estudiantes por lo que no se debería permitir nuestra presencia en las escuelas. Estos ministros son ajenos al hecho de que a los estudiantes se les dice que no hay Dios y todo (incluso el hombre) es el resultado de casualidad al azar. Nuestro mensaje es simple. Les estamos diciendo a los estudiantes que hay un Dios, que Él es el Creador y que se puede confiar en la Biblia. ¿Cómo pueden los hombres, que supuestamente son los pastores a los que les importa, preferir que a los estudiantes se les diga que no hay Dios? Estos hombres no tienen fe en su propia peregrinación. ¿Cómo pueden tener la esperanza de guiar a los demás? Lo que deberían hacer es visitar la escuela y preguntarles a los estudiantes lo que la enseñanza del evolucionismo les está haciendo.

En un colegio de iglesia en Tasmania, Australia, la posición oficial era la de enseñar evolución con Dios añadido a la misma. El obispo local hizo todo lo que pudo para evitar mi visita a la escuela, pero a uno de los maestros se le permitió presentar la postura creacionista a la clase, y él me invitó como orador especial. Al final de mi presentación, 69 de las 70 chicas me rodearon y atacaron verbalmente mi postura sobre la creación. Gritaron afirmaciones como: "¡No hay Dios!", "¡El budismo es mejor que el cristianismo!", "¡La evolución es verdad!", "¡No se puede confiar en la Biblia!", "¡La Biblia está llena de errores!", "¡No nos interesa lo que tenga que decir!".

Debido a las concesiones con el evolucionismo, estaban menos receptivas a la Palabra de Dios que los estudiantes de escuelas públicas. Ellas asistían a una escuela de "iglesia". ¿Por qué no habrían de saber la "verdad"? Hasta donde ellas sabían, ya tenían todas las respuestas.

Sin embargo, una chica joven se acercó a mí con lágrimas en los ojos. Ella me dio las gracias por los cimientos dados a su fe. Dijo que era cristiana creyente en la Biblia y que le resultaba muy difícil estar en esa escuela en particular, ya que los maestros estaban tratando de destruir su fe en el cristianismo. Obviamente habían debilitado la fe de muchas de las otras chicas de la clase.

Durante un tiempo de preguntas en una iglesia, el ministro planteó una pregunta vital. Debido a que no había escuela cristiana en el distrito que enseñara desde la perspectiva creacionista, ¿se les debería aconsejar a los padres a que envíen a sus hijos a la escuela pública local con su conocida filosofía anticristiana o a la escuela cristiana que ha hecho concesiones? Hubo un silencio mientras la congregación esperaba mi respuesta.

¿Cuál fue mi respuesta? ¿Enviar a sus hijos a una escuela de iglesia que ha hecho concesiones con la evolución y donde sólo se les enseña una filosofía secular o a la escuela pública local? Mi primera respuesta fue: "Yo no los enviaría a ninguna, ¡yo los enseñaría en casa! Por supuesto, esto se está convirtiendo en una opción real para muchos padres en la actualidad y el movimiento de la escuela en casa es cada vez mayor. Sin embargo, añadí que era más fácil en un sentido decirles a los estudiantes que se les está enseñando una filosofía anticristiana en la escuela pública. Una escuela de iglesia que supuestamente es cristiana pero que ha hecho concesiones con la filosofía secular no es diferente a las escuelas públicas, salvo el hecho de que afirma ser cristiana. En mi estimación, esto es un grave problema.

El Señor lo pone en claro para nosotros en Apocalipsis 3:15–16. En referencia a la iglesia que ha hecho concesiones, leemos: "Yo conozco tus obras, que ni eres frío ni caliente. ¡Ojalá fueses frío o caliente! Pero por cuanto eres tibio, y no frío ni caliente, te vomitaré de mi boca".

¡Pastores!, ¡teólogos!, ¡ministros! Ustedes deben estar conscientes de lo que les está haciendo la evolución a las mentes de los estudiantes. Ustedes deben estar conscientes de lo que está sucediendo en el sistema escolar. Según la investigación de *Already Gone.*[1] Dos tercios de los jóvenes

1. Ken Ham y Britt Beemer, *Already Gone: Why Your Kids Will Quit Church and What You Can Do to Stop It*, con Todd Hillard (Green Forest, AR: Master Books, 2009).

están abandonando la iglesia ya para la edad universitaria — y los factores principales que contribuyen a estos números es la enseñanza que ha socavado Génesis y la falta de enseñar la apologética para defender la fe cristiana y la Palabra de Dios en Génesis. De manera práctica, no está funcionando la perspectiva de hacer concesiones con Génesis.

Parte de la oposición que encontramos se pudo ver en una entrevista en la radio australiana el 16 de mayo de 1984, con el Rev. Colin Honey, un ministro y profesor de la Uniting Church (Iglesia Unida) de Kingswood College de la Universidad de Australia Occidental. Al Rev. Honey se le preguntó si veía una confusión fundamental entre el cristianismo y la ingenuidad. Él respondió: "Supongo que así será en la mente de la gente, si los tontos siguen diciéndonos que la Biblia dice que el mundo fue creado en seis días".

En 2002, Pat Robertson en el *Club 700* preguntó a su coanfitrión, Terry Meeuwson, si ella se alinearía con la creencia de una semana literal de creación. Meeuwson indicó que no, y Robertson estuvo de acuerdo, explicando su respuesta:

> De acuerdo, yo no podría tampoco. Pudiera ser un día solar; pudiera ser un día galáctico. No tiene que ser un giro terrestre. Y, como dices, "nadie estuvo presente." . . . la intención para Génesis nunca fue ser libro de texto de ciencia. Génesis sirve como trasfondo para la introducción de la raza judía mediante Abraham, el cual fue agente de Dios para la salvación mediante Cristo Jesús. De eso se trata todo Génesis.[2]

Usted estaria en shock si escribiera o visitara algunos de nuestros colegios teológicos o bíblicos y les preguntara que enseñan acerca de la creación. En realidad, hemos ya hecho eso por usted. Los resultados están publicados en el libro titulado *Already Compromised (Ya comprometidos)*, que, como dije en un capítulo previo, se produjo de un estudio del America's Research Group (Grupo de investigación de Estados Unidos) conducido con nosotros". Lamentablemente, encontramos que la mayoría de los profesores de dichas instituciones

2. Pat Robertson y Terry Meeuwson, *The 700 Club*, CBN, 17 de junio, 2002.

comprometen Génesis de alguna manera. De hecho en gran parte, encontramos que los departamentos de la Biblia / religión estaban peor que los departamentos de ciencia.

Usted se sorprendería si les escribiera a algunos de nuestros colegios teológicos o bíblicos y les preguntara qué es lo que enseñan en esa universidad acerca de la creación. Pero sea muy específico, no sólo les pregunte si enseñan la creación. Pregúnteles lo que creen acerca de Génesis. ¿Creen que los días eran días reales? ¿Creen que el diluvio de Noé fue en todo el mundo? ¿Toman Génesis literalmente? ¿Ven la importancia de Génesis en la doctrina?

Con frecuencia le he dicho a la gente en las iglesias que yo sabía que la universidad teológica de esa denominación en particular enseñan la evolución o la opinión de que Génesis no importa. La mayoría se queda anonadada. Han creído que en sus universidades teológicas enseñan que la Biblia es verdad. *Uno de los problemas que tenemos en el Occidente es que la mayoría de las facultades universitarias teológicas y bíblicas producen ministros que han sido entrenados para cuestionar las Escrituras en lugar de aceptarlas. Es por eso que tenemos tantos pastores en nuestras iglesias que realmente están llevando a las ovejas por mal camino.* Si usted apoya a alguna de estas instituciones de forma financiera, ¿por qué no les pregunta qué es lo que enseñan sobre estos asuntos? También lo instaría a leer *Already Compromised.* Es revelador y puede cambiar a donde envía su hijo o hija a la universidad— lo que puede ser un cambio vital necesario para el futuro.

En un seminario tres ministros de una denominación protestante se acercaron a mí. Dijeron que lo que yo estaba enseñando era una perversión de las Escrituras. Mientras hablábamos, se hizo evidente que estábamos discutiendo desde dos enfoques totalmente diferentes de las Escrituras. Les pregunté a estas personas cómo había hecho Dios a la primera mujer. Les dije que la Biblia dice que Dios tomó parte del costado de Adán e hizo una mujer ¿Creían en eso? Su respuesta fue algo como esto: " Sí, sí creemos que la imagen simbólica implícita aquí es que los hombres y las mujeres son uno".

"No," dije; "les pregunté si creían en que es así como Dios realmente hizo a una mujer. "Dijeron que sin duda estaban de acuerdo en que esta imagen teológica implicaba que los hombres y las mujeres son uno. Repetí mi pregunta varias veces, diciendo que la Biblia afirma que ésta es en realidad la forma en que Dios hizo a una mujer. No sólo eso, sino que en el Nuevo Testamento en 1 Corintios 11:8, leemos donde Pablo afirma que la mujer procede del hombre y no el hombre de la mujer, lo cual obviamente apoya la narración histórica de la creación en Génesis.

No estábamos llegando a ninguna parte, así que les pregunté si creían que Jesús fue clavado en una cruz como dice el Nuevo Testamento. "Oh, sí", dijeron, "ciertamente creemos eso". Entonces les pregunté por qué no creían que Dios en realidad tomó parte del costado de Adán e hizo una mujer. Ellos me dijeron que era la diferencia entre aceptar Génesis como poesía en lugar de historia, sugiriendo que si se tratara de poesía no se debería creer. Génesis, por supuesto, es historia. Y, además, incluso si algo está escrito en forma poética, como de hecho lo está en otras partes de las Escrituras, entonces, ¿quiere decir que no lo creeremos?

Me informaron que en gran parte de las Escrituras, no era lo que se decía lo que era importante, sino la imagen teológica que estaba implícita. Les pregunté cómo habían determinado lo que era esa imagen teológica, sobre qué base habían decidido lo que era una verdadera imagen teológica, y cómo podían estar seguros de que su enfoque hacia las Escrituras era el correcto. ¿De dónde habían adquirido su autoridad para hacer este enfoque hacia las Escrituras? Dijeron que había sido por medio de sus estudios de historia y teología a través de los años lo que les había permitido decidir cuál era la forma correcta de enfocar las Escrituras y de determinar cuáles eran estas imágenes simbólicas. Entonces les dije que sonaba como si simplemente se habían basado en una opinión en cuanto a la forma de abordar la Escritura. ¿Cómo sabían que era la opinión correcta? Aquí es donde la conversación terminó abruptamente. Estos hombres quieren decirle a Dios lo que Él está diciendo en lugar de dejar que Dios les diga cuál es la verdad. Ésta es la posición de muchos líderes teológicos.

Después de hablar en una iglesia en Victoria, Australia, uno de los ministros locales (que obviamente estaba molesto) me dijo delante de una gran cantidad de gente que yo no tenía derecho a obligar a otras personas a creer en mi interpretación de la Biblia. Él fue extremadamente franco y se mostraba muy exaltado acerca de este problema. Lo que me pareció increíble fue que él me estaba tratando de imponer su interpretación de la Biblia a mí y a los otros que estaban presentes. Él no podía comprender ese aspecto.

Hay muchos pasajes en toda la Biblia en los que Dios reprende a los líderes religiosos por llevar a la gente por mal camino. A Jeremías, por ejemplo, lo llamó el Señor para advertir a los israelitas acerca de los maestros y sacerdotes que no estaban proclamando la verdad. Jesús reprendió abiertamente a muchos líderes religiosos, diciéndoles que eran "víboras" y cosas así (Mateo 12:34).

Estas mismas advertencias se aplican a muchos hoy en día que dicen ser maestros de la Palabra de Dios, pero que en realidad están provocando que muchas personas se pierdan en el camino. Muchos de ustedes, sin duda, están conscientes que gran parte de la oposición a la labor de las organizaciones de la creación en todo el mundo proviene de teólogos y otros líderes religiosos. Muchos de los grupos humanistas suelen contar con personas que dicen ser cristianas, pero creen en la evolución para apoyarlos (en la televisión, la radio y en publicaciones) en su esfuerzo por combatir contra los ministerios de la creación. He visto a los periodistas en la televisión y locutores de radio deleitándose en el hecho de que pueden tener a alguien en su programa que dice ser cristiano pero que se opone a la Biblia y a la creación.

En un debate de la creación versus la evolución, un evolucionista declaró que la cuestión no era si Dios creó o no. Él dijo que él creía en la creación y que era cristiano. Luego, pasó a atacar con vehemencia a la Biblia y al cristianismo. Durante el turno de preguntas, alguien del público le preguntó a esta persona si podía dar testimonio de Jesucristo como su Salvador personal. El panelista evolucionista, estaba con la guardia baja, obviamente queriendo evitar la pregunta. Sin embargo, decidió tratar de dar una respuesta. Él le dijo al público que no utilizaba la misma terminología que otros, y que desde luego que él no aceptaba la Biblia en absoluto y no quería saber nada del cristianismo fundamental. Básicamente, describió al cristianismo fundamental como la creencia de aceptar la Biblia como verdadera. Sin embargo, muchos probablemente creyeron en que él era cristiano porque él lo declaró públicamente. Aquí había un lobo vestido de oveja guiando a las ovejas por mal camino.

Muchos pastores de ovejas en el mundo actual se pueden encontrar en uno de los siguientes grupos, en la progresión hacia la "tolerancia" hacia la "rendición" y hacia el "error".

1. Tolerancia

Muchos nos dicen que debemos tolerar las creencias de la gente sobre la evolución: que hay que abstenernos de hablar en contra de lo que dicen. O bien, se nos dice que consideremos todas las alternativas que los científicos nos dan y que no seamos "dogmáticos" en un solo punto de vista. Por supuesto, ésta es una forma de dogmatismo en sí, afirmar que no podemos insistir en que Génesis debe ser tomado literalmente con el fin de excluir la filosofía evolucionista. Muchas universidades teológicas dogmáticamente insisten en que los estudiantes consideren todos los puntos de vista sobre la interpretación de Génesis (por ejemplo, la evolución teísta, la creación progresiva, la teoría del día-era, la teoría de la brecha, la creación de los seis días literales), ¡y pasan a afirmar que ninguna persona puede decir que cualquier punto de vista es definitivamente correcto o incorrecto! No estoy sugiriendo que los estudiantes de estas universidades no deben estar conscientes de estas otras posturas. Sin embargo, las falacias de estas posturas se deben abordar en detalle.

2. Acomodación

Muchos dicen que no se puede estar seguro de lo que significa o de lo que dice Génesis, y que tal vez los evolucionistas están en lo cierto después de todo. Debido al alto respeto por la "academia", y la inmensa cantidad de material de un gran número de científicos que quieren forzar la evolución, muchos cristianos simplemente le añaden la evolución a la Biblia.

3. Cooperación

Aquí el error de la evolución y los millones de años que han sido tolerados y se le ha dado lugar en la iglesia. Esto se ha convertido en una posición cómoda porque hay gran armonía: la gente en la iglesia que cree en la evolución no se siente amenazada y todos pueden trabajar juntos. Estas personas afirman que Dios creó, pero que si lo hizo por medio de la evolución, realmente no importa.

4. Contaminación

Con la gente involucrándose cada vez más con el error de la filosofía evolutiva (en los campos de la cosmología, geología y biología), esta teoría generalmente se acepta y se enseña en las iglesias, en las escuelas dominicales, en las escuelas cristianas y en los programas de educación religiosa, así como en las aulas de las escuelas seculares. Por lo tanto, el problema ya no le molesta más a la gente.

5. De la rendición al error

La evolución se acepta como un hecho y cualquier persona que se atreva a disentir es un "hereje". A medida que la gente acepta la evolución y relega a Génesis a ser un mito o alegoría, empiezan a cuestionar el resto de las Escrituras. Un rechazo de las bases de toda la doctrina contenida en el Libro de Génesis lógicamente lleva a una negación de toda la Biblia. La teología liberal se vuelve desenfrenada.

Fue interesante observar la reacción de un profesor de genética y variación humana de la Facultad de Ciencias Biológicas (School of Biological Science) de la Universidad de La Trobe. Cuando se le hizo una pregunta durante un debate con el Dr. Gary Parker relacionada con el hecho de que muchos cristianos aceptan la evolución, afirmó: "Sólo puedo añadir que el cristianismo está ampliamente fragmentado. Obviamente, el cristianismo está en distintas etapas de evolución; algunas secciones del mismo parecen haber casi prescindido de la teología por completo. Parece ser que la última etapa del cristianismo evolutivo será simplemente tirar por la borda la teología y quedarse con un sistema totalmente racional y naturalista de la visión de la vida". Lo que él reconoce, por supuesto, es que realmente no hay diferencia entre la evolución atea y la teísta, salvo que en esta última se añade Dios al sistema. Lógicamente, por lo tanto, la evolución teísta está a sólo un paso de la evolución atea, y es donde se ve el final máximo de tal situación hecha de concesiones.

Richard Dawkins básicamente ha dicho mucho de lo mismo. En dos entrevistas de televisión diferentes, expresó el sentimiento que una creencia en Dios y una creencia en las ideas evolucionistas no son compatibles. Cuando se le preguntó sobre si se podía creer en Dios y la evolución, Dawkins dijo esto:

> Obviamente puedes ser un creyente en Dios y la evolución... Yo lo ecuentroun ligeramente difícil. Tengo una cierta simpatía exasperante por los creacionistas porque pienso que, de alguna manera, la escritura está en la pared para los pocos religiosos que dice que es totalmente compatible con la evolución. Creo que hay una especie de incompatibilidad que los creacionistas ven claramente.[3]

Lo que está diciendo es que él está de acuerdo con aquellos en la iglesia que creen en la evolución, pero que lo ve como incompatible con Génesis. De esta manera, la escritura está en la pared significa que él ve la única solución para aquellos que tratan de mezclar la evolución con la Biblia es totalmente deshacerse de la Biblia.

En una entrevista que desde entonces ha sido tomada de la web, Richard Dawkins una vez más señaló la incompatibilidad del cristianismo y las creencias evolutivas:

> Pienso que los cristianos evangélicos tienen realmente un tipo de acierto al ver la evolución como el enemigo. Mientras, qué diríamos, los teólogos más sofisticados están muy contentos de vivir con la evolución. Pienso que están engañados. Pienso que los evangélicos han acertado en que realmente hay una profunda incompatibilidad entre la evolución y el cristianismo.[4]

En muchas denominaciones, hay controversia real y mucha discusión sobre la inerrancia de la Biblia. Cuando se habla de este tema, lo triste es que muchos eruditos evangélicos no reconocen o deliberadamente eluden la importancia de Génesis. La aceptación de los hechos literales en Génesis es fundamental para la pregunta sobre la inerrancia bíblica. Si las conferencias sobre la inerrancia resolvieran ese problema primero, el resto de los problemas que tienen desaparecería muy rápidamente.

---

3. Richard Dawkins, interview by Tony Jones, *Q&A: Adventures in Democracy*, ABC1 (Australia), March 8, 2010, http://www.abc.net.au/tv/qanda/txt/s2831712.htm.
4. Richard Dawkins, interview with Howard Condor, *The Q&A Show*, RevelationTV (UK), March 10, 2011.

Ésta es otra razón por la que cualquier declaración de fe que se formule para las escuelas cristianas, organizaciones cristianas, iglesias y conferencias siempre debe ser muy específica acerca de Génesis. No es suficiente decir que ellos creen que Dios creó. Ellos necesitan entender la importancia y la relevancia de aceptar Génesis literalmente, de rechazar la evolución por completo, y de la comprensión de la naturaleza fundamental de Génesis para el resto de la Biblia.

Por desgracia, incluso gran parte del movimiento de la escuela cristiana carece de este conocimiento. Sé de escuelas cristianas que están más preocupadas por la opinión de sus maestros sobre escatología (la Segunda Venida) que con lo que creen y entienden sobre la cuestión fundamental de la creación. ¡Esto significa que no entienden plenamente lo que es la educación cristiana!

Como dice el profeta Oseas: ". . . el pueblo sin entendimiento caerá." (Oseas 4:14). Si bien hay muchos pastores que conducen a las ovejas por mal camino, debemos recordar que las ovejas también tienen la culpa, ya que Dios nos dice a través de Jeremías 5:31: ". . . los profetas profetizaron mentira, y los sacerdotes dirigían por manos de ellos; y mi pueblo *así lo quiso*"(el énfasis es mío). Oremos para que más hombres y mujeres en nuestras naciones se preparen para defender la verdad absoluta de la santa Palabra de Dios.

Éxodo 20:11 dice: "Porque en seis días hizo Jehová los cielos y la tierra, el mar y todas las cosas que en ellos hay, y reposó en el séptimo día; por tanto, Jehová bendijo el día de reposo y lo santificó".

Un niño en una clase de escuela cristiana le preguntó a su maestro: "¿Cómo puede cualquiera crear todo en seis días de la nada?" Otro joven estudiante muy sagaz espetó: "¡Dios no es cualquiera!"

Capítulo 11

La creación, el diluvio y el fuego venidero

HAY UNA PROFECÍA en 2 Pedro 3 con respecto a los últimos días de historia de esta tierra, y se relaciona mucho a la creación entera y la cuestión de la evolución:

> Sabiendo primero esto, que en los postreros días vendrán burladores, andando según sus propias concupiscencias, y diciendo: ¿Dónde está la promesa de su advenimiento? Porque desde el día en que los padres durmieron, todas las cosas permanecen así como desde el principio de la creación. Estos ignoran voluntariamente, que en el tiempo antiguo fueron hechos por la palabra de Dios los cielos, y también la tierra, que proviene del agua y por el agua subsiste, por lo cual el mundo de entonces pereció anegado en agua; pero los cielos y la tierra que existen ahora, están reservados por la misma palabra, guardados para el fuego en el día del juicio y de la perdición de los hombres impíos. (2 Pedro 3:3-7)

"Todas las cosas permanecen . . ."

Note que las Escrituras nos advierten que, en los últimos días, la gente va a estar diciendo: "Todas las cosas permanecen así como desde el principio de la creación". Los secularistas nos dicen que la tierra ha existido durante millones de años y que la vida comenzó a evolucionar en esta tierra hace millones de años. Muchos cristianos también tienen esta misma creencia. Los geólogos tienen la idea que los procesos que vemos operando en el mundo presente han sucedido esencialmente a la misma tasa durante millones de años y probablemente sucederán durante millones de años en el futuro también. La palabra técnica usada en la geología para esta creencia es *uniformismo*.[1] Por ejemplo, el museo desértico en Tucson, Arizona, no sólo tiene una exhibición para que la gente vea lo que supuestamente ha sucedido durante los pasados millones de años, ¡sino que también tiene una exhibición de lo que muchos científicos creen sucederá en Arizona en los millones de años que vendrán!

Los evolucionistas y aquellos que creen en una tierra vieja con frecuencia usan la frase, "El presente es la clave para el pasado". En otras palabras, dicen que la manera para entender el pasado es observar lo que sucede en el presente. Por ejemplo, dicen que ya que los fósiles raramente se forman en el mundo actual, las vastas capas de roca que contienen miles de millones de fósiles sobre la mayoría de la superficie de la tierra deben haber tomado millones de años para formarse. Los evolucionistas nos dicen que, dado que observamos mutaciones (esto es, cambios accidentales en nuestros genes) sucediendo en la actualidad, estos deben haber ocurrido desde el inicio del tiempo. De esta manera, las mutaciones deben ser uno de los mecanismos involucrados en la progresión evolutiva postulada.

La Biblia, por otro lado, nos dice que hubo un tiempo cuando no había pecado y, por lo tanto, no había ni muerte animal ni humana, no había enfermedad, no había errores. Las mutaciones son *errores* que ocurren en nuestros genes y virtualmente todas son perjudiciales. Los que creen en la evolución tienen que asumir que la evolución está ocurriendo actualmente para poder decir que lo que vemos en la actualidad ha sucedido por millones de años. Así, para ser consistentes,

---

1. Para más información sobre el uniformismo, ver John Whitmore, "Aren´t Millions of Years Required for Geological Processes?" en *The New Answers Book 2*, ed. Ken Ham (Green Forest, AR: Master Books, 2008), p. 229–244; disponible en línea en http://answersingenesis.org/articles/nab2/arent-millions-of-years-required.

el cristiano que cree en la evolución también debería creer que hoy el hombre todavía está evolucionando.

¿Cómo podemos establecer sin ninguna duda los detalles de un evento que supuestamente sucedió en el pasado? Una manera es encontrar testigos que estuvieron ahí o buscar registros escritos por testigos. Por lo tanto, la única manera que alguna vez sepamos con seguridad exactamente lo que sucedió en el pasado geológico es si hubo alguien que estuviera ahí en el momento (un testigo) que pudiera decirnos si los procesos geológicos siempre han sido los mismos o si en alguno momento los procesos geológicos han sido diferentes.

La Biblia dice ser el registro de Alguien (Dios) que no únicamente sabe todo sino que siempre ha estado ahí porque está fuera del tiempo. De hecho, Él creó el tiempo. La Biblia dice que Dios movió hombres a través de Su Espíritu a escribir Su palabra y que ella no tan sólo es palabras de hombres sino la Palabra de Dios (1 Tesalonicenses 2:13; 2 Pedro 1:20-21). El Libro de Génesis dice ser el registro proveniente de Dios que nos dice los eventos de la creación y otros eventos en la historia temprana de este mundo que tienen gran relevancia en nuestras circunstancias presentes. De esta manera, el presente no es la clave para el pasado. En vez de eso, la revelación es la clave para entender el presente.

La revelación en Génesis nos dice de eventos tales como la creación, la entrada del pecado y la muerte por la caída del hombre, el diluvio de Noé, y la Torre de Babel. Estos son eventos que han hecho a la geología, la geografía, la biología, etc. de la tierra lo que son en la actualidad. Por lo tanto, también tenemos que darnos cuenta de que lo que sucedió en el pasado es la clave para el presente. La entrada del pecado en el mundo explica por qué hay muerte y por qué hay errores que ocurren en nuestros genes. La devastación global causada por el diluvio de Noé nos ayuda a explicar la mayoría del registro fósil. Los eventos en la Torre de Babel nos ayudan a tener un entendimiento del origen de las diferentes naciones y culturas alrededor del mundo.

En la actualidad los secularistas niegan que el registro bíblico en Génesis pueda ser tomado seriamente. Realmente están poniendo su fe en su creencia que "Todas las cosas permanecen así como desde el principio". La profecía en 2 Pedro 3 está siendo cumplida ante nuestros propios ojos.

"Ignorancia voluntaria . . ."

En la siguiente sección de esta profecía se nos dice que los hombres rechazarán deliberadamente tres cosas. Note que el énfasis aquí es en el rechazo deliberado, o como algunas traducciones lo ponen, una "ignorancia voluntaria". De esta manera, es una acción deliberada de parte de una persona de no creer que:

(a) Dios creó el mundo, el cual primero estaba cubierto con agua (lo que significa que su superficie era fría en el principio, no una masa derretida, como enseñan los evolucionistas);

(b) Dios juzgó una vez este mundo con un diluvio global cataclísmico en el tiempo de Noé;

(c) Dios va a juzgar este mundo una vez más, pero esta vez será con fuego.

Las personas con frecuencia hacen la declaración: "Si hay tanta evidencia que Dios creó el mundo y envió un diluvio global cataclísmico, entonces con seguridad todos los científicos creerían eso". La solución se da aquí en 2 Pedro 3. No es simplemente una cuestión de proveer evidencia para convencer a la gente, porque la gente no quiere ser convencida. En Romanos 1:20 leemos que hay suficiente evidencia para convencer a todos que Dios es el Creador, tanta que somos condenados si no creemos. Más aún, Romanos 1:18 nos dice que los hombres "detienen con injusticia la verdad".

No es un asunto de falta de evidencia convencer a las personas que la Biblia es cierta; el problema es que ellos no *quieren* creer la Biblia. La razón de esto es obvia. Si la gente cree en el Dios de la Biblia, tendrían que reconocer Su autoridad y obedecer las reglas que ha establecido. Sin embargo, todo ser humano sufre del mismo problema—el pecado de Adán cometido en el jardín del Edén, una enfermedad que todos heredamos. El pecado de Adán fue rebelión contra la autoridad de Dios, así que admitir que la Biblia es cierta sería una admisión de su propia naturaleza pecaminosa y rebelde y de su necesidad de nacer de nuevo mediante la limpieza a través de la sangre de Cristo.

Es fácil ver esta ignorancia voluntaria en acción cuando vemos debates sobre el asunto de los orígenes. En la mayoría de los casos, los evolucionistas no están interesados en la riqueza de datos, evidencia e información que los creacionistas presentan. Usualmente tratan de atacar a los creacionistas, intentado destruir su credibilidad. No están interesados en los datos, razonamiento lógico, ni alguna evidencia que apunte hacia la creación o refute la evolución porque son totalmente leales a su fe religiosa llamada evolución.

Uno simplemente tiene que ir a los muchos sitios seculares en el Internet para leer ataques como este:

> El rey de los charlatanes de Answers in Genesis, Ken Ham, está pidiendo dinero para el instituto en Modesto donde están teniendo una conferencia creacionista. Ken es un gran promotor de pseudo-metodología-científica para tratar de "probar" que la tierra tiene menos de 10,000 años. Mandar niños a ser mal informados por este fundamentalista es abuso infantil al límite.[2]

En lugar de mirar los datos o el razonamiento detrás del creacionismo bíblico, este bloguero recurrió a simplemente atacar al ministerio creacionista bíblico como "pseudo-ciencia" y "abuso infantil". En realidad, estos ataques sólo sirven para confirmar Romanos 1, que tales personas "detienen con injusticia la verdad" (Romanos 1:18).

La geología moderna nos dice que nunca hubo un diluvio global como se describe en la Biblia. Se nos dice que millones de años de procesos geológicos pueden explicar el enorme registro fósil en las rocas sedimentarias sobre la superficie de la tierra. Sin embargo, los creacionistas han demostrado que las capas de roca que contienen fósiles fueron producidas por un proceso catastrófico enorme consistente con el diluvio de Noé.[3] Pero los evolucionistas se rehúsan

2. Randall Gross, "Ken Ham, Fundamentalist Huckster Panhandling in Modesto," Little Green Footballs (blog), http://littlegreenfootballs.com/page/261504.
3. En años recientes, parcialmente debido al éxito de los geólogos creacionistas en señalar la clara evidencia de procesos rápidos en las rocas, muchos geólogos evolucionistas han comenzado a abandonar la apreciación lenta y gradual a favor de la idea de que hubo grandes catástrofes en la historia de la tierra que fueron responsables de darle forma. Sin embargo, su oposición a la catástrofe descrita en la Biblia es tan vehemente y voluntariamente ignorante como nunca.

a aceptar esto, porque hacerlo significaría que la Biblia está en lo correcto, y así la totalidad de su filosofía evolutiva tendría que ser rechazada. Estas personas ignoran voluntariamente los hechos que no dan soporte a sus ideas evolutivas pero que sí encajan en un modelo de geología basado en lo que dice la Biblia con respecto al diluvio de Noé. Este es otro cumplimiento de la profecía ante nuestros propios ojos.

Mucha de la literatura científica también nos dice que la mayoría de los científicos esperan que este mundo continúará y seguirá por millones de años. El ejemplo del museo desértico en Tucson, Arizona, otra vez, es apropiado. Como se mencionó antes, una exhibición en este museo supuestamente es para representar lo que los científicos creen sucederá en Arizona en los próximos millones de años más o menos. La gente mira esa exhibición y hacen la pregunta, "¿Cómo saben lo que va a suceder millones de años en el futuro?" La respuesta es: "¡Exactamente de la misma manera en que ellos entienden lo que ha sucedió por millones de años en el pasado!" No lo saben; solamente es su conjetura.

Si los científicos estuvieran de acuerdo con que Dios hubiera creado como está delineado en Génesis, que el diluvio de Noé fuera un evento real y que, por lo tanto, la Biblia estuviera en lo cierto,

tendrían que contar un relato muy diferente. El pasaje en 2 Pedro deja claro que Dios juzgó con el agua en el pasado (el diluvio de Noé), pero que la siguiente vez usará fuego como método de juicio. El hombre pecaminoso en rebelión contra Dios no quiere admitir que debe estar frente al Dios de la creación un día y dar cuenta de su vida. De esta manera, al rechazar la creación y el diluvio de Noé y decir que hay evidencia científica que supuestamente apoya su propia creencia, siente consuelo no pensando en el juicio venidero. Pero así como Dios creó el mundo mediante Su palabra y envió el diluvio a través de Su palabra, así Dios juzgará este mundo mediante fuego.

Conclusiones

La tierra, el sol, la luna y las estrellas están como memoriales del hecho de que Dios ha creado. El registro fósil es un inmenso memorial del hecho de que Dios ha juzgado mediante agua. Todo esto debería advertir a cada hombre, mujer y niño que, así como Dios ha cumplido Su Palabra con respecto a juicio en el pasado, también cumplirá Su Palabra con respecto a juicio en el futuro.

Segunda de Pedro 3 contiene una profecía con respecto a los últimos días—una profecía que estamos viendo cumplida ante nuestros mismos ojos. Volvámonos, por lo tanto, más vigorosos y confiados al testificar de nuestro Dios, el Dios de la creación. "Puesto que todas estas cosas han de ser deshechas, ¡cómo no debéis vosotros andar en santa y piadosa manera de vivir, esperando y apresurándoos para la venida del día de Dios…!" (2 Pedro 3:11-12).

El finado Isaac Asimov, un anti-creacionista activo, hizo advertencias acerca de los creacionistas. Se cita diciendo (con respecto que a los creacionistas se les diera igualdad de tiempo para presentar el modelo creacionista en las escuelas), "Hoy igualdad de tiempo, mañana el mundo". ¡Isaac Asimov estaba en lo cierto! Salimos para convencer a gente como Isaac Asimov que Jesucristo es Creador y Salvador. ¿Por qué? ¿Porque queramos una buena pelea? ¿Por qué nos guste la controversia? No, porque aquellos que no confían en el Señor pasarán la eternidad separados de él. ¿Y qué sucede a aquellos de nosotros que sí recibimos el regalo gratuito de salvación ofrecido por Cristo?

He aquí el tabernáculo de Dios con los hombres, y él morará con ellos; y ellos serán su pueblo, y Dios mismo estará con ellos como su Dios. Enjugará Dios toda lágrima de los ojos de ellos; y ya no habrá muerte, ni habrá más llanto, ni clamor, ni dolor; porque las primeras cosas pasaron (Apocalipsis 21:3-4).

Epílogo

Un sonido incierto

Y se admiraban de su doctrina; porque les enseñaba como quien tiene autoridad, y no como los escribas (Marcos 1:22).

HACE UN PAR DE AÑOS en Australia, un miembro cristiano del parlamento apareció en T.V. nacional. Estaba en un panel que incluía al famoso ateo de Inglaterra Richard Dawkins. El moderador preguntó al cristiano: "¿Entonces de dónde vienen los seres humanos?" El cristiano gentilmente puso su mano sobre el brazo de Richard Dawkins y contestó: "Bueno, podrías bien preguntarle a este tipo, él tiene firmes apreciaciones sobre esa perspectiva desde allá".[1]

Esencialmente, este bien conocido cristiano australiano declaró que los secularistas conocen lo que ellos creen, pero los cristianos no. Tristemente, la manera en que este cristiano respondió una pregunta legítima representa la apreciación de los orígenes de la mayoría de los cristianos en la actualidad.

Hay un sonido incierto siendo tocado por muchos en la iglesia. ¿Cómo podemos ser discernientes? ¡Piense en ello! Cuando a la

1. Steve Fielding y Ricard Dawkins, entrevista de Tony Jones, *Q&A Adventures in Democracy, ABC1* (Australia), 8 de marzo de 2010, http://www. Abc.net.au/tv/qanda/txt/s2831712.htm.

mayoría de los cristianos — incluyendo los académicos cristianos, pastores y otros líderes cristianos — se les pregunta qué creen sobre Génesis, la respuesta puede ser una o más de estas:

- "Hay una brecha de millones de años entre los primeros versos de Génesis".
- "No sabemos lo que significan los días de Génesis".
- "El diluvio fue un evento local. Los fósiles probablemente tienen millones de años".
- "Dios utilizó la evolución para evolucionar a Adán y Eva."
- "La hipótesis del marco introduce millones de años en Génesis".
- "Génesis 1 es poesía".
- "No hace falta que Adán y Eva fueran individuos literales".
- "Dios hizo razas de personas para comenzar".
- "Génesis 1 representa el templo cósmico, no los orígenes materiales".

Podría seguir y seguir. El punto es, hay varias posiciones de comprometimiento de Génesis que permean en la iglesia. Todas estas apreciaciones tienen una cosa en común: tratan de acomodar lo que los secularistas creen sobre los orígenes.

Piense en esto: la mayoría de los niños de hogares que van a la iglesia asisten a escuelas públicas donde, en buena parte, sus libros de texto y conferencias (e incluso los documentales de T.V.) dan a nuestros jóvenes una historia muy específica. Aquí está lo que casi siempre se les enseña como un hecho:

> El universo comenzó con un Big Bang hace 15 mil millones de años. Las estrellas se formaron hace 10 mil millones de años. El sol se formó hace 5 mil millones de años y la tierra se fundió hace 4.5 mil millones de años.
>
> El agua se formó en la tierra hace 3.8 mil millones de años. Y durante millones de años, la vida se formó de lo no

vivo y después evolucionó a peces, después a anfibios, reptiles, a aves y mamíferos, después a criaturas parecidas a simios, y después al hombre — un proceso que involucra muerte durante millones de años.

Los secularistas insisten en que ellos saben que todo esto sucedió en el pasado inobservado. Dicen saber la verdadera historia del universo. Creen y predican su cosmovisión con celo.

Por otro lado, los cristianos tienen el beneficio de una historia muy específica que les ha sido revelada por Alguien que estuvo allí desde el principio y por toda la historia—y que no miente. ¡No obstante la mayoría de los creyentes dicen que no están seguros de lo que Dios dijo en Génesis!

¡No es sorpresa que estemos viendo un éxodo masivo de gente joven de las iglesias! Comienzan a dudar de la Biblia en Génesis, la rechazan como Palabra de Dios, y después dejan la iglesia. La Biblia declara: "Y si la trompeta diere sonido incierto, ¿quién se preparará para la batalla?" (1 Corintios 14:8).

Hay un sonido incierto siendo dado por muchos en la iglesia, incluyendo la academia cristiana. Los jóvenes y los adultos en nuestras iglesias están escuchando (y con frecuencia dando atención) a este sonido incierto sobre la precisión de la Biblia desde su mismo comienzo. Como resultado, muchos cristianos no están realmente seguros de lo que creen. ¡Mientras tanto, escuchan al mundo secular — hablando con autoridad — decirles que ellos saben exactamente que creer!

En Marcos 1:22 leemos que mucha gente estaba asombrada con la enseñanza de Cristo, porque Él hablaba como alguien que tiene autoridad. En la actualidad, podemos hablar con esta misma autoridad, ¡porque tenemos la Palabra de Dios! Jesucristo el Creador y la Palabra nos han dado la Biblia, y nos dijo cómo creó todas las cosas.

Además, nos ha dado una historia muy específica desde el Antiguo Testamento hasta el Nuevo Testamento — una historia que es fundamental para toda doctrina, incluyendo el evangelio (en Génesis 3). Es la verdadera historia del mundo que nos dice de dónde venimos todos, cuál es nuestro problema (el pecado), y cuál es la solución — salvación a través de Cristo.

¡Qué diferencia haría si los cristianos comenzaran a hablar con autoridad y después evangelizaran al mundo! No sabemos lo que creemos — ¡y es la verdad porque es la Palabra de Dios!

Este es mi reto — ¡salgamos y demos ese sonido de la trompeta cierto! Si todos los cristianos lo hicieran, ¡podríamos cambiar al mundo!

Apéndice 1

Llevar a madurez el mensaje: el creacionismo y la autoridad Bíblica en la iglesia[1]

EL MENSAJE DE LA CREACIÓN HA MADURADO durante las tres últimas décadas a medida que han madurado el discernimiento y el entendimiento de los líderes creacionistas. Cada vez más el énfasis se enfoca en el problema fundamental: transigir sobre Génesis significa al fin y al cabo socavar el evangelio mismo.

Muchos conocen los diagrama que han llegado a conocerse como las "ilustraciones de los castillos" que encuadran el mensaje de Respuestas en Génesis. Se elaboraron estos diagramas hace 30 años cuando yo buscaba una manera de ilustrar el carácter fundamental de la batalla entre el cristianismo y el humanismo secular.

Aunque los diagrama que utilizamos hoy han cambiado en gran manera a través de los años, el mensaje esencial sigue igual. Uno de esos cambios refleja de manera significativa la maduración del mensaje

1. Este artículo ha sido reimpreso de la revista *Answers*, enero–marzo de 2010, p. 61–63.

bíblico de la creación a medida que el ministerio de Respuestas en Génesis ha pasado de un enfoque exclusivamente de creación/evolución a uno que defiende la autoridad bíblica.

Se puede notar este cambio en forma gráfica (ver a continuación). En 1986, me filmaron en una iglesia cerca de Phoenix, Arizona al presentar un mensaje sobre "La relevancia de la creación" convertido en película titulada *The Genesis Soluition (La solución Génesis).* Durante la presentación usé los diagramas del castillo que se han convertido en ícono del ministerio de Respuestas en Génesis. En el primer diagrama a continuación hay dos castillos que se atacan el uno al otro y al pie de los castillos se ven las palabras: "Evolución" y "Creación".

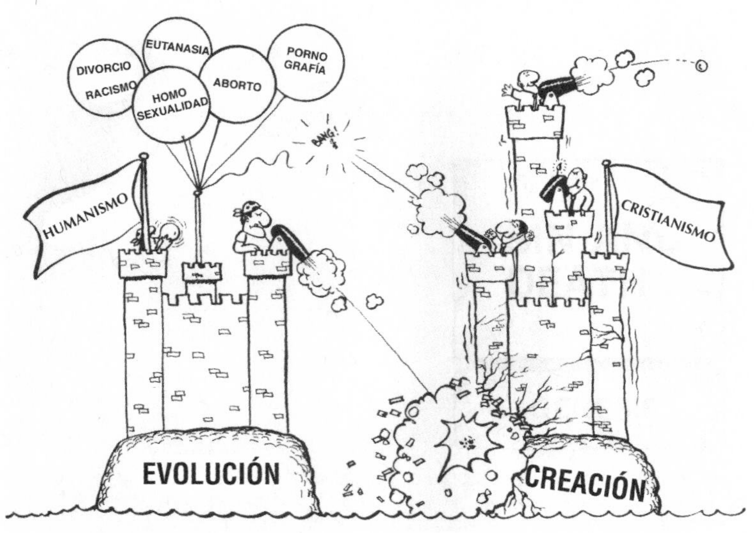

1986: Una de las primeras ilustraciones de castillo

Echando un vistazo al pie de la ilustración de los castillos que utilizo hoy, podrá leer "El razonamiento humano autónomo" y "La revelación — La Palabra de Dios". ¿A qué se debe el cambio? Creo que el ministerio de la creación bíblica ha hecho una transición vital a otro énfasis que refleja mayor comprensión de la verdadera cuestión que enfrenta nuestro mundo. Ahora el ministerio de la creación bíblica se comunica de una manera que refleja el verdadero carácter de la contienda subyacente sobre la creación, la evolución, y millones de años.

1987–2008: Ilustración de castillo modificada

"El hombre decide la verdad" o "La Palabra de Dios es la verdad"

Antes de explicar en detalle el cambio reciente, le invito a considerar otra versión de los diagramas de los castillos que hemos estado usando hasta hace relativamente poco tiempo. Note las palabras al pie de los castillos: "La evolución—el hombre decide la verdad y "La creación—la Palabra de Dios es la verdad". Este diagrama refleja la

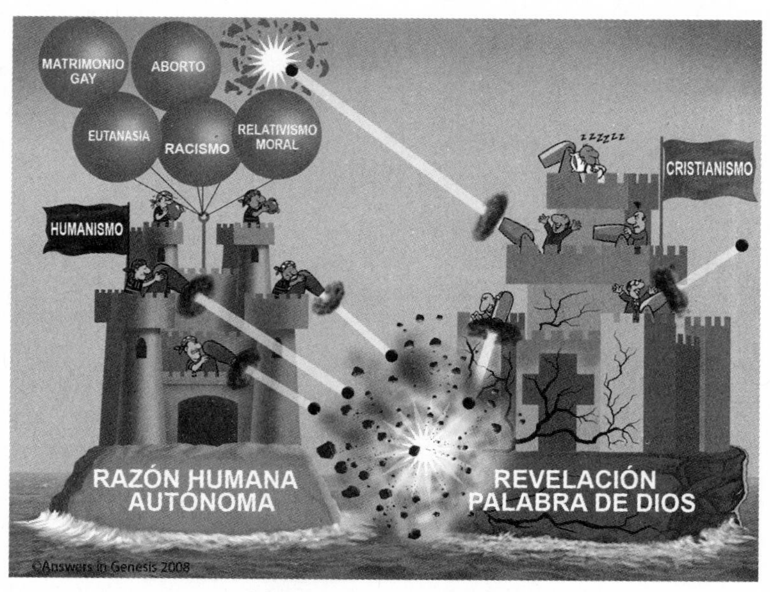

Diagrama más reciente

introducción del cambio que ha llevado al énfasis que presentamos en la actualidad por medio de estas ilustraciones.

Cuando empecé a enseñar en la escuela pública en Australia en 1975, durante una de mis primeras lecciones de ciencia, recuerdo vivamente la pregunta de un alumno, "Señor Ham, ¿cómo puede ser cristiano y creer la Biblia cuando sabemos que no es verdad?" Cuando le pregunté al alumno por qué diría una cosa así, me contestó, "Bueno, la Biblia habla de Adán y Eva, pero sabemos que eso no es cierto porque nuestros libros de texto nos enseñan que evolucionamos de los simios."

Eso fue cuando me di cuenta de que la enseñanza de la evolución fue un enorme obstáculo que impedía que esos alumnos estuvieran receptivos al evangelio de Jesucristo, así que empecé a desarrollar maneras de enseñar sobre la cuestión de evolución/creación. Alrededor de ese tiempo me invitaron a hablar en algunas iglesias locales y en unos estudios bíblicos. Me sorprendió mucho descubrir que la mayoría de la gente (incluso la mayoría de pastores y líderes de la iglesia) o creía en la evolución y/o en millones de años, o no creían que importaba lo que se creía acerca del libro de Génesis.

Mientras desarrollaba mis presentaciones junto con las ilustraciones acompañantes, empleaba a menudo los diagramas de los castillos con los bloques de cimentación etiquetados "evolución" y "creación". Pero, con tiempo me di cuenta de que había algo que muchas personas no comprendían aunque yo pensaba que los bloques de cimentación lo sugerían con claridad—y era que al referirme a la "creación" yo quería decir la revelación de la Palabra de Dios y en particular la historia de los orígenes como se presentan en la Escritura, y al referirme a la "evolución" quería decir que el hombre determina la verdad, incluso la creencia de los orígenes elaborada por el razonamiento humano.

Con tiempo, empecé a destacar que creer en la historia de la creación hallada en Génesis significa aceptar la Palabra de Dios como autoridad suprema, y creer en la idea secular de la evolución equivale a aceptar la palabra del hombre como autoridad suprema.

Los problemas verdaderos

A medida que maduramos como cristianos, nuestro discernimiento y comprensión también maduran. Estoy seguro de que éste es uno de los motivos por el cual Dios tardó en contestar mi oración para que Él levantara el Museo de la Creación hace 30 años. El Señor sabía que a nuestro mensaje le hacía falta mucha maduración antes de que Él estuvera dispuesto a inaugurar este gran centro de enseñanza cerca de Cincinnati para alcanzar a gente de todas partes de mundo. Hoy día cuando doy presentaciones, no sólo hablo de los problemas con la evolución o millones de años y cómo socavan la autoridad de la Palabra de Dios, sino que también enseño dos cosas más:

> **Génesis es la base de toda doctrina, incluso el evangelio.** Primero, enseño la importancia fundamental del libro de Génesis — que la historia relatada en Génesis 1–11 es el cimiento de toda la doctrina cristiana, incluso el evangelio mismo. Esto lo hago a fin de recordar a los cristianos que no es posible defender ninguna doctrina a menos que primero crean que Génesis 1-11 es una historia literal (como hizo Jesucristo, por ejemplo, al defender el matrimonio citando un pasaje de Génesis en Mateo 19:4-7).
>
> **El reinterpretar el libro de Génesis socava la misma Palabra de Dios.** Además, hay otro asunto vital que se debe

> entender. Es preciso que los cristianos lo comprendan, y es algo que la totalidad del movimiento de la creación bíblica debe estar proclamando a los cuatro vientos — que cuando los cristianos reinterpretan a Génesis 1:1 y los días de la creación para dar cabida a millones de años, o hacerles encajar con la gran explosión, o adoptar otras posiciones que añaden a la Biblia como la evolución darwiniana, están socavando la misma Palabra de Dios. Éste es el problema clave; ésta es la razón que la autoridad bíblica se ha perdido de la cultura.

Como les recuerdo a los cristianos, sabemos que Cristo resucitó de los muertos porque aceptamos la Palabra de Dios tal como está escrita. Los científicos seculares nunca han demostrado que un cuerpo sin vida puede resucitarse, pero no reinterpretamos la resurrección como un evento no literal. Aceptamos la Palabra de Dios tal cómo es. Pero en Génesis, tantos cristianos (incluso la mayor parte de los líderes cristianos) aceptan las ideas de los científicos seculares sobre una tierra de gran antigüedad y reinterpretan la historia de la creación. Haciendo eso, han abierto una puerta — la puerta que lleva a socavar la autoridad bíblica. Las generaciones siguientes suelen abrir aun más esa puerta. Es lo que ha pasado a través de Europa, el Reino Unido y ahora está sucediendo en Los Estados Unidos.

Para Uds. que forman parte de algún tipo de ministerio, les insto a reconocer una aplicación nueva y esencial de Salmo 11:3, "Si fueren destruidos los fundamentos, ¿Qué ha de hacer el justo?" Con respecto a dónde nos encontramos hoy, las cuestiones fundamentales no se tratan en última instancia de la creación y la evolución sino de la Palabra de Dios versus el razonamiento humano autónomo. Es la misma batalla que empezó en Génesis 3:1 cuando la serpiente le dijo a la mujer, "¿Conque os ha dicho Dios. . . ?"

En resumidas cuentas ésta es la esencia de la batalla de creación/evolución. Se trata de la autoridad — la infalible Palabra de Dios o la falible palabra del hombre.

Apéndice 2

Millones de años o la evolución: ¿Cuál es la peor amenaza?[1]

CUANDO LOS REPORTEROS DE LOS medios de comunicación seculares visitan el Museo de la Creación para entrevistarme, raras veces me preguntan acerca de la evolución biológica. Normalmente empiezan con la pregunta, "¿Por qué cree usted. que vivían al mismo tiempo los dinosaurios y los humanos?" o "¿Qué cree acerca de la edad de la tierra?" o incluso, "¿Por qué rechaza la ciencia para creer que Dios creó el universo en seis días hace unos pocos miles de años?"

Creo que empiezan así porque se dan cuenta de que la evolución biológica es imposible sin miles de millones de años. De hecho, he notado que los secularistas están muy apegados a la idea de millones y miles de millones de años. Casi pierden los estribos al oír que la tierra tiene solamente unos miles de años de antigüedad.

En mi experiencia, he hallado que a los secularistas no les importa mucho si los cristianos rechazan la evolución. Sí, todavía se burlan de ellos. Pero si uno rechaza la idea de *miles de millones de años*, le llaman

1. Este artículo ha sido reimpreso de la revista Answers, julio-septiembre de 2012 2012, p. 26–29.

anticiencia, antiacadémico y antiintelectual. Es enorme la presión de creer en una tierra antigua.

Problema #1: La pérdida de autoridad bíblica

Los secularistas comprenden algo que pocos cristianos parecen haber entendido — que la evolución biológica no es el enfoque del debate. Lo es el concepto de miles de millones de años. Si aceptaran una cronología histórica tal como se presenta en la Biblia (alrededor de 6,000 años), los secularistas se hallarían obligados a abandonar la evolución, y la creación se convertiría la única alternativa posible. Aceptando la idea de una tierra de gran antigüedad, les es fácil justificar el rechazo de Dios y la fiabilidad de su Palabra.

La mayoría de los pastores evangélicos conservadores reconocen que las Escrituras enseñan que Adán fue formado del polvo y que Eva fue hecha de su costado. Se dan cuenta de lo difícil que sería explicar el evangelio sin referirse al origen del pecado y la muerte que se describe en Génesis. No obstante, muchos de estos pastores no consideran importante la cuestión de la edad de la tierra.

Todas las posturas transigidas sobre Génesis (la teoría de la brecha, la hipótesis del marco, la evolución teísta y otras) tienen una cosa en común: intentan encajar en el primer capítulo de Génesis millones de años de historia. El motivo principal por el que tantos pastores, académicos cristianos y otros cristianos no creen en seis días literales (de 24 horas) de creación es, a fin de cuentas, su deseo de dar cabida a los supuestos miles de millones de años.

Tal transigencia coloca los métodos de datación falibles del hombre — es decir sus *creencias* acerca del pasado — por encima de la autoridad de la Palabra de Dios. Esto abre la puerta a la socavación de la autoridad bíblica. Esta transigencia no anula la salvación de uno, pero sí afecta la manera en que las generaciones venideras percibirán la Escritura.

Problema # 2: La pérdida de la próxima generación

Esta transigencia lleva a una pérdida de autoridad bíblica en la vida de la generación que viene. Esta pérdida de autoridad es una de las razones principales que muchos jóvenes dudan de la Biblia y en última instancia se alejan de la iglesia. Este declive se ha documentado en una investigación publicada en el libro *Already Gone (Ya se fueron)* que demuestra con claridad por qué y a qué punto en su vida casi dos tercios de la próxima generación abandonan a la iglesia.

El concepto de millones de años va directamente en contra de la historia revelada claramente en la Palabra de Dios. A fin de cuentas, la creencia en millones de años es un ataque contra el carácter de Dios. Si las capas fosilíferas fueron depositadas poco a poco durante millones de años, entonces estas capas contienen los restos de animales muertos, espinas fósiles, evidencia de enfermedades (p. ej., tumores cerebrales), y animales que se devoraban los unos a los otros — y todo eso antes de que aparecieran en el planeta los seres humanos.

¿Cómo puede un cristiano encajar todo esto en la Palabra de Dios donde nos relata que tras crear al hombre Dios llamó "muy bueno" todo lo que había hecho? ¿Cómo es que un Dios bueno llamara "muey bueno" a los tumores cerebrales? ¿Cómo se puede encajar en la Escritura dicha historia que nos enseña que las espinas aparecieron después del pecado y que los seres humanos y los animales todos fueron vegetarianos en un principio?

Problema #3: Raíces en el naturalismo filosófico

Mucho más grave que la evolución biológica es el asunto de la gran antigüedad de la tierra. No sólo es un ataque directo en contra de la autoridad de la Escritura lo que va alejando de la iglesia a la próxima generación sino que es también el producto de la religión pagana de la época actual — el naturalismo, o sea, la filosofía ateísta que afirma que todo se puede explicar por causas naturales no relacionadas con Dios. Los secularistas se ven obligados a aferrarse a la idea de la gran antigüedad de la tierra para poder explicar cómo llegó a existir la vida sin el Creador.

La creencia en una tierra de gran antigüedad surgió del naturalismo, como han documentado las investigaciones de Terry Mortenson.[2] La creencia en miles de millones de años fue postulada por los materialistas, los ateístas y deístas al proponerse explicar el registro geológico mediante procesos naturales en lugar de un diluvio global, según se ha revelado en la Biblia.

2. "Philosophical Naturalism and the Age of the Earth: Are They Related?" *The Master's Seminary Journal* 15 (1): p. 71–92.

El naturalismo es la religión anti-Dios de esta época, y el concepto de millones de años es fundamental a su falsa idea de la evolución biológica. George Wald, un bioquímico y ganador del premio Nobel, explica por qué un largo período de tiempo importa tanto a la historia de la evolución: "El tiempo es de hecho el héroe de la trama. El tiempo... es del orden de dos mil millones de años. Lo que consideramos como imposible basado en la experiencia humana aquí no tiene importancia. Dado tanto tiempo, lo 'imposible' se hace posible, lo posible se hace probable, y lo probable se hace prácticamente cierto. Sólo hay que esperar: el tiempo mismo hace los milagros."[3]

Sin la creencia en millones de años, Charles Darwin nunca habría podido postular con éxito sus ideas sobre la evolución biológica. El individuo que probablemente hizo más que cualquier otro para popularizar la creencia en millones de años era Charles Lyell, que publicó sus ideas en *The Principles of Geology (Los principios de la geología)* (1830). Darwin llevó consigo la obra de Lyell cuando hizo su primer viaje de cinco años en el barco *HMS Beagle*. El libro de Lyell convenció a Darwin y le dio las bases para proponer millones de años de pequeños cambios en la biología.[4]

A primera vista, no parece muy radical rechazar millones de años. Si uno visita museos, zoológicos e incluso parques de atracciones como Disneylandia, EPCOT, Universal Studios, oirá y verá la frase "millones de años" con mucha más frecuencia que la palabra *evolución*. Sólo hay que prender la televisión y mira uno o dos documentales en los canales tales como el Discovery Channel, History Channel, y Learning Channel, para oír múltiples veces las palabras "millones (o miles de millones) de años". Incluso el museo líder para niños en los EE.UU., el Indianapolis Children's Museum, tiene numerosos letreros en sus exposiciones de dinosaurios que se refieren a "millones de años". Pero sería difícil hallar la palabra *evolución*.

El oponerse a la evolución biológica sólo cierra parcialmente la puerta en parte a la transigencia bíblica. El negarse a transigir sobre la línea de tiempo de la Palabra de Dios comenzando con Génesis — y el mantenerse firme en contra de la falibles creencias del hombre sobre millones de años — eso cierra por completo la puerta.

3. "The Origin of Life," *Scientific American* 191: p. 48.
4. Ibid.

Como analogía, la idea de millones de años es como una enfermedad (aunque sabemos que el mal fundamental es el pecado). La evolución biológica no es más que un síntoma. Muchos cristianos tratan el síntoma pero no logran reconocer el origen de la enfermedad.

Puede que el tiempo sea el héroe de la trama de la evolución secular, pero el héroe de los eventos reales es Dios. La Escritura nos ha dado el registro infalible de la verdadera historia del universo, la que demuestra cómo ha estado realizando el plan para redimir a los pecadores desde que Adán trajo al mundo la muerte hace unos 6000 años.

Apéndice 3

Otras "Interpretaciones" de Génesis[1]

EL PROPÓSITO DE ESTA SECCIÓN es definir algunas de los esquemas de interpretación que han surgido desde que se popularizó la idea de gran antigüedad, a fines del siglo XVIII y a principio del XIX. Por favor tengan en cuenta que las teologías que aceptaban el concepto de la gran antigüedad de la tierra casi no existían antes del año 1800. Este hecho en sí da evidencia sólida de que tales puntos de vista no se derivan de la Biblia. Al contrario, intentan dar cabida a la idea de gran antigüedad que ha promovido la ciencia uniformitaria.

La teoría de la brecha

Este fue el primer intento de armonizar el relato bíblico de la creación con la idea de gran antigüedad. Mantiene que existe una gran brecha de tiempo (quizás varios miles de millones de años) entre Génesis 1:1 y Génesis 1:2. Según la versión más popular de destrucción y reconstrucción, se dice que durante ese período, Satanás se rebeló y encabezó la rebelión de la creación en contra de Dios. Como resultado, Dios destruyó esta creación original con el diluvio

1. Partes de este apéndice provienen de Tim Chaffey y Jason Lisle, *Old-Earth Creationism on Trial* (Green Forest, AR: Master Books, 2008).

de Lucifer. Los teóricos creen que Génesis 1:2 describe el estado del mundo tras este diluvio.

Un joven pastor presbiterano, Thomas Chalmers, empezó a predicar esta teoría en 1804. La publicó en 1814 y a partir de allí la teoría de la brecha empezó a gozar de gran aceptación en la iglesia. Los teóricos de la brecha a menudo sostienen que la palabra traducida "estaba" en las varias versiones españolas de Génesis 1:2 en realidad debe traducirse "se hizo" como en "la tierra se hizo desordenada y vacía". No obstante, el contexto no justifica esta interpretación. La teoría de la brecha sufre de varios problemas hermenéuticos.

Primero, no se puede introducir un espacio de tiempo entre Génesis 1:1 y Génesis 1:2 porque el versículo 2 no sigue versículo 1 en el tiempo. El versículo 2 utiliza un mecanismo gramatical conocido como la "disyunctiva-waw". Se usa cuando una oración empieza con la palabra hebrea "y" ("waw" ו) seguida de un sustantivo, en este caso la "tierra" ("erets" ארץ). El uso de la disyuntiva-waw indica que esta oración describe la anterior; no establece una relación cronológica entre las dos. En otras palabras, el versículo 2 describe el estado de la tierra cuando fue creada en un principio. La gramática hebrea no permite la inserción de largos períodos de tiempo entre Génesis 1:1 y 1:2.

Segundo, Éxodo 20:11 enseña claramente que todo fue creado en el espacio de seis días; en esto se basa nuestra semana laboral. Este pasaje indica claramente que no puede haber vastos períodos de tiempo entre ninguno de los días de la creación.

Tercero, la mayoría de las versiones de la teoría de la brecha coloca la muerte y el sufrimiento mucho antes del pecado de Adán, así que la teoría de la brecha sufre de muchos de los mismos defectos doctrinales que tiene la teoría día-era. Para una refutación completa de la teoría de la brecha, léase *Unformed and Unfilled (Desordenada y Vacía)* por Weston W. Fields.[2]

La evolución teísta

Esta interpretación sostiene que Dios usó la evolución para llevar a cabo su creación. Típicamente los cristianos conservadores rechazan

2. Weston Fields, *Unformed and Unfilled* (Green Forest, AR: Master Books, 2005).

esto porque ataca la idea de que Adán fue hecho a la imagen de Dios y que Dios lo formó del polvo de la tierra. Mantiene, en cambio que Adán y Eva simplemente evolucionaron de animalen similares a los simios. Muchos escolásticos liberales aceptan este punto de vista y no ven ningún problema con incorporar a la Biblia los principios de la evolución.

La evolución teísta impugna el carácter de Dios al culparle de millones de años de muerte, derramamiento de sangre, enfermedades y sufrimiento. Un mundo que incluía estas cosas con dificultad podría llamarse "muy bueno". La Escritura no apoya la evolución teísta ya que sufre de numerosas dificultades doctrinales, al igual que no apoya las teorías de día-era y la brecha.

La teoría día-era

Este punto de vista lleva el nombre adecuado. Sus defensores mantienen que cada uno de los días de la creación duró un período de tiempo extremadamente largo. En apoyo de su posición suelen citar Salmo 90:4 y 2 Pedro 3:8 que declara que "un día es como mil años".

El problema con citar estos versículos es que ni siquiera se refieren a la creación. El pasaje en 2 Pedro, por ejemplo, se refiere a la Segunda Venida. Estos versículos no hacen más que decir que Dios no está limitado por el tiempo. Él existe más allá de los límites de su creación y no está sujeto a ella.

La teoría día-era se hizo popular después de que George Stanley Faber, un obispo anglicano respetado, empezó a enseñarla en 1823. Este punto de vista ha sido modificado múltiples veces durante los dos últimos siglos para adaptarse a cambios en las creencias científicas. Algunos proponentes de la teoría día-era aceptan la evolución teísta; otros creen en una creación progresiva, como se describe a continuación. El punto de vista día-era se basa en un error hermenéutico identificado como una "ampliación injustificada de un campo semántico ampliado." En otras palabras, ya que en algunos contextos la palabra hebrea para "día" se puede entender como "tiempo" (en el sentido general), se supone que también se puede interpretar como "tiempo" en Génesis 1. No obstante, el contexto de Génesis 1 no permite tal posibilidad.

La creación progresiva

Esta versión del creacionismo de tipo tierra antigua es quizás el punto de visto más popular de todas las teorías transigentes que se encuentran en la iglesia de hoy. La mayoría de los creacionistas progresivos también sostienen la teoría día-era; creen que cada día de la creación fue un largo período de tiempo. Pero, en lugar de aceptar la evolución biológica, los creacionistas progresivos creen que Dios hizo su creación en etapas durante millones de años. Creen que Dios creó ciertos animales hace millones de años y que se extinguieron. Entonces, creó más animales que también se extinguieron. Por fin logró a crear a los seres humanos.

Aunque muchos creacionistas progresivos rechazan la evolución biológica, en general aceptan la evolución astronómica y geológica. Como los evolucionistas teístas, los creacionistas progresivos creen en millones de años de muerte, enfermedad, sufrimiento y derramamiento de sangre antes del pecado de Adán. Tales posiciones siempre socavan el mensaje del evangelio.

La organización del Dr. Hugh Ross, *Reasons to Believe (Razones para creer)*, es la principal promotora de este punto de vista hoy.

La hipótesis del marco[3]

En 1924 Arie Noordtzij desarrolló la hipótesis de la marco. Unos 30 años después, Meredith Kline popularizó ese punto de vista en los Estados Unidos, mientras N.H. Ridderbos hizo lo mismo en Europa. Es hoy uno de los puntos de vista más populares de Génesis 1 enseñados en los seminarios. A pesar de su popularidad en la academia, los laicos de nuestras iglesias no han oído una explicación completa de la hipótesis, aunque hayan oído de algunas de sus afirmaciones.

La hipótesis del marco es en su esencia un intento de reclasificar el primer capítulo de Génesis de narrativa histórica a otro género de literatura. Sus proponentes han intentado identificar el lenguaje figurativo o recursos poéticos dentro del texto. Pensando que han logrado demostrar que el primer capítulo de la Biblia no se debe tomar en su

3. La información sobre la hipótesis de la marca proviene del artículo de Tim Chaffey y Bob McCabe, "Framework Hypothesis," en *How Do We Know the Bible Is True?* Vol. 1, Ken Ham y Bodie Hodge, redactores (Green Forest, AR: Master Books, 2011), p. 189–199.

sentido natural, afirman que Génesis 1 sólo revela que Dios lo creó todo y que hizo al hombre a su propia imagen, pero que no nos da ninguna información sobre cómo o cuándo lo hizo.

La premisa que aceptan todos los proponentes de la hipótesis del marco es la supuesta idea de que la creación está divida en dos triadas de "días". Los que sostienen esta hipótesis insisten en que las dos triadas de "días" forman un paralelismo temático en el que los temas de los días 1 a 3 forman un paralelo con los temas de los días 4 a 6. Con respecto al paralelismo de los días 1 y 4, Mark Futato dice, "Los días 1 y 4 forman dos perspectivas distintas sobre la misma obra creativa".[4] En otras palabras, los días 1 y 4 no son nada más que dos maneras distintas de hablar del mismo acontecimiento, y de igual manera son así los días 2 y 5, y los días 3 y 6. La tabla a continuación es típica de la que usan muchos proponentes de la hipótesis del marco y refleja este paralelismo temático.[5]

Día	La formación de mundo (las cosas creadas)	Día	Llenar el mundo (las cosas creadas)
1	La oscuridad, la luz	4	Las lumbreras celestiales
2	Los cielos, el agua	5	Las aves de los cielos, los animales acuáticas
3	Los mares, la tierra, la vegetación	6	Los animales terrestres, el hombre, la provisión de alimentos

A simple vista, puede parecer que estos escritores han dado con algo. Sin embargo, un análisis más detallado revela algunos problemas con este argumento. Primero, la supuesta construcción semipoética no es coherente con el hecho de que Génesis 1 es una narrativa histórica. El estudioso de hebreo Stephen Boyd ha demostrado claramente que Génesis 1 está escrito como narrativa histórica y no como poesía.

4. Mark D. Futato, "Because It Had Rained: A Study of Gen 2:5–7 with Implications for Gen 2:4–25 and Gen 1:1–2:3," *Westminster Theological Journal* 60 (Primavera de 1998): p. 16.
5. William VanGemeren, *The Progress of Redemption: The Story of Salvation from Creation to the New Jerusalem* (Grand Rapids, MI: Baker, 1988), p. 47.

Segundo, la tabla de arriba es incoherente con el texto de Génesis 1:2—2:3. El agua no fue creada el segundo día sino el primero (Génesis 1:2). Otro problema con la tabla es que las "lumbreras" del día 4 fueron colocados en los "cielos" del día 2 (Génesis 1:14). Esto es problemático para el proponente de la marca que cree que los días 1 y 4 representan el mismo evento visto desde dos perspectivas distintas, porque éste tiene que haber sucedido antes del evento descrito en días 2 y 5. ¿Cómo se puede colocar las estrellas en un lugar que todavía no existía?

En fin, el orden de los eventos es crítico aquí. La hipótesis de la marca propone que los días no son cronológicos sino teológicos. No obstante, si uno reordena la cronología, todo se convierte en una absurdidad.

Punto de vista inauguración del templo

Llamada también la teoría del templo cósmico, esta idea fue popularizada por John Walton, profesor de Antiguo Testamento de Wheaton College. Walton se inspira en las mitologías del Oriente Cercano porque cree que ayudan a los lectores de hoy a comprender cómo pensaban los lectores originales de Génesis. Su motivo en hacer esto, sin embargo, es argumentar por qué Génesis 1—2 no se pueden leer como eventos históricos.

> El problema es que no podemos convertir su cosmología en la cosmología nuestra, tampoco lo debemos hacer. Si aceptamos Génesis 1 como cosmología antigua, entones debemos interpretarlo como cosmología antigua en lugar de convertirlo en cosmología moderna. Si intentamos convertirlo en cosmología moderna, hacemos que el texto diga algo que no dijo nunca.[6]

Walton mantiene que la narrativa de la creación en Génesis no enseña una creación física sino una tierra "no funcional" convertida en "funcional". Semejante a la hipótesis de la marca, Walton divide los seis días de la creación en dos partes: los tres primeros días en los que Dios hizo funcionales los cielos y la tierra, y los tres días

6. John H. Walton, *The Lost World of Genesis One: Ancient Cosmology and the Origins Debate* (Downers Grove, IL: InterVarsity Press, 2009), p. 17.

siguientes en los que Dios creó "funcionalidades" como el sol, la luna y las estrellas.

El propósito de Dios en hacer funcional el cosmos, según el punto de vista de la inauguración del templo, es que Él se estaba construyendo un templo. Walton explica que los siete días de Génesis 1 no son días de creación sino de inauguración:

> En resumen, hemos sugerido que los siete días no se dan como un espacio de tiempo durante el cual llegó a existir el cosmos material, sino un espacio de tiempo dedicado a la inauguración de las funciones del templo cósmico, y quizás también a una recreación anual de él. . . . Génesis 1 se enfoca en la creación del templo (cósmico), no en la fase material de la preparación.[7]

El argumento de John Walton a favor de esta visión de Génesis está impulsado por el deseo de armonizar lo que dice la ciencia modera acerca de los orígenes (esto es, la evolución/millones de años) con lo que enseña Génesis. Si Génesis 1—2 no es una narrativa literal de la creación sino un espacio de tiempo en el que Dios hace funcional su "templo cósmico", entonces es posible combinar las ideas evolucionarias con Génesis. Y de hecho, Walton escribe, "Si Génesis 1 no necesita una tierra reciente y si el decreto divino no excluye un proceso largo, entonces Génesis 1 no plantea objeciones a la evolución biológica. La evolución biológica es capaz de darnos conocimiento acerca de la obra creativa de Dios."[8]

El punto de vista de la inauguración de templo abandona los aspectos históricos de la narrativa de la creación en Génesis a favor de una interpretación que permite mezclar con la Escritura la idea de evolución/ millones de años. Este punto de vista no permite que Dios, el que estuvo allí en el principio, sea el Creador; en cambio lo reduce al rol de hacer funcional un cosmos ya existente.

La creación histórica

El punto de vista de la creación histórica es, en realidad, una modificación de la teoría de la brecha, fue popularizado por John Sailhamer.

7. Ibid., p. 92.
8. Ibid., p. 138.

Muchos proponentes de la creación histórica creen que Dios creó los cielos y la tierra durante un período de tiempo indeterminado en Génesis 1:1. Entonces, en Génesis 1:2 y después, según sus proponentes, Dios preparó para el hombre la tierra inhabitable en un espacios de seis días.

Mark Driscoll, pastor de la Iglesia Mars Hill en Seattle, Washington, mantiene esta opinión y la describe en un artículo:

> En este punto de vista, Génesis 1:1 registra que Dios formó de la nada (ex nihilo) toda la creación por medio de un merismo de "cielos y tierra", lo que significa el cielo por encima y la tierra abajo, o sea, la totalidad de la creación. Ya que la palabra usada como "principio" en Génesis 1:1 es *reshit* en hebreo, que quiere decir un período de tiempo indeterminado, es probable que toda la creación fue completada durante un espacio de tiempo prolongado (desde unos días hasta miles de millones de años). Entonces, Génesis 1:2 comienza con la descripción de lo que hizo Dios al preparar la tierra inhabitable para la creación de la humanidad. La preparación de tierras no cultivadas para Adán y Eva y la creación de ellos sucedieron en seis días literales de veinticuatro días. Esta visión deja abierta la posibilidad de ambos una tierra de gran antigüedad y seis días literales de creación.[9]

La visión histórica de la creación, según indica claramente Driscoll mismo, es un intento por armonizar millones de años con la narrativa literal de la creación registrada en Génesis. Además, la palabra reshit no quiere decir "un período de tiempo indeterminado", como declara Driscoll. Significa "principio principal" o "primero".[10] Por sí sola, la palabra no explica hace cuánto tiempo ocurrió el principio, pero esa información la proporciona la Escritura. El principio comenzó el primer día, y Dios lo creó todo en seis días y reposó durante uno.

---

9. Mark Driscoll, "Answers to Common Questions about Creation," The Resurgence, http://theresurgence.com/2006/07/03/answers-to-common-questions-about-creation.
10. Francis Brown, Samuel Rolles Driver, y Charles Augustus Briggs, *Enhanced Brown-Driver-Briggs Hebrew and English Lexicon*, electronic ed. (Oak Harbor, WA: Logos Research Systems, 2000), 912.1.

Basado en las genealogías que nos da la Escritura, podemos determinar que esto sucedió hace unos 6,000 años.

Otros puntos de vista

Ha habido otros intentos de sincronizar la narrativa bíblica de la creación con el punto de vista evolucionario. Dos de estos puntos de vista han disminuido en popularidad en las últimas décadas. El punto de vista *día revelador* declara que Dios le dio a Moisés una serie de visiones sobre su obra creativa. Estas visiones duraron seis días. El problema obvio con este punto de vista es que no hay apoyo alguno por ello en la Escritura. La Biblia ni siquiera sugiere que esto pudo haber sido el caso, así que se basa en una falta de evidencia.

El otro punto de vista se llama *el día literal con brechas*. Éste declara que cada uno de los días de la creación fueron días literales, pero que hubo grandes brechas de tiempo entre cada día. Es un punto de vista que sufre de muchos de los mismos problemas que tienen la teoría día-era y la teoría de la brecha.

Se han propuesto otros y numerosos puntos de vista menores a fin de armonizar Génesis 1–11 con la opinión secular científica. Los descritos aquí representan la gran mayoría de puntos de vista a los que recurren los creyentes que buscan tal armonización. El mero hecho de que existen tantos puntos de vista proporciona evidencia de que cada uno de ellos es intrínsecamente defectuoso.

RECURSOS

La siguiente lista de recursos es recomendada para investigar más los tópicos referenciados en este libro.

Todos los libros pueden obtenerse en los Estados Unidos a través de Master Books y Answers in Genesis. Las direcciones son dadas en la sección 18 de abajo.

1. *A Is for Adam: The Gospel from Genesis* — Ken y Mally Ham (Green Forest, AR: Master Books, 2011). Este es un libro de rimas para niños con notas diseñadas para dar a usted información antecedente para cada rima, equipándolo así para explicar los conceptos con mayor detalle. ¡Es como leer un comentario sobre el libro de Génesis!

2. *Already Compromised* — Ken Ham y Greg Hall, con Britt Beemer (Green Forest, AR: Master Books, 2011). El presidente de AiG Ken Ham y su presidente colega el Dr. Greg Hall hacen equipo para esta valoración reveladora de lo que los administradores y profesores de colegios cristianos realmente creen y enseñan respecto a la Biblia y la ciencia. ¡Los hallazgos son impactantes! Lea este libro para ayudarlo a determinar cuáles universidades cristianas construirán — y cuáles dañarán — la fe de su hijo.

3. *Already Gone* — Ken Ham y Britt Beemer, con Todd Hillard (Green Forest, AR: Master Books, 2009). En el primer estudio científico de este tipo, el "Beemer Report" revela datos sorprendentes descubiertos a través de 20,000 llamadas telefónicas y sondeos detallados de mil jóvenes de 20 a 29 años de edad que solían asistir a las iglesias evangélicas en una base regular, pero que desde entonces las han dejado atrás. En este poderoso libro, el popular autor Ken Ham y el investigador/analista de comportamiento del consumidor Britt Beemer se combinan para revelar tendencias que deben ser tratadas ahora... ¡antes que perdamos otra generación!

4. *Coming to Grips with Genesis* — Dr. Terry Mortenson y Dr. Thane Ury, editores (Green Forest, AR: Master Books, 2008). Catorce académicos presentan rigurosos argumentos bíblicos y teológicos a favor de una tierra joven y un diluvio global y abordan también varias interpretaciones contemporáneas de una tierra-vieja en Génesis. Presentado autores como el Dr. Henry Morris, Dr. John MacArthur, Dr. Steven Boyd, Dr. Terry Mortenson, Dr. Thane Ury y más. (Semi - técnico).

5. *Creation: Facts of Life* — Dr. Gary Parker (Green Forest, AR: Master Books, 2006). Un líder científico y conferencista creacionista presenta los argumentos clásicos a favor la evolución usados en escuelas públicas, universidades y los medios de comunicación, y los refuta en un estilo entretenido y fácil de leer. Una vez evolucionista, el Dr. Parker está bien calificado para refutar estos argumentos. Es un libro obligado para estudiantes y maestros por igual.

6. *Earth's Catastrophic Past: Geology, Creation, and the Flood* — Dr. Andrew Snelling (Dallas, TX: Institute for Creation Research, 2009). Este enorme conjunto de 2 volumenes está lleno de evidencia geológica actualizada que demuestra la autoridad y presición del relato de la Biblia de la creación y el diluvio. El geólogo Dr. Andrew Snelling examina y deconstruye las interpretaciones evolutivas del registro geológico y después construye un modelo geológico bíblico para la historia de la tierra y concluye que las afirmaciones de Génesis 1-11 son verdaderas (Técnico)

7. *Evolution Exposed: Biology and Earth Science* — Roger Patterson (Hebron, KY: Answers in Genesis, 2006, 2008). A decenas de millones de adolescentes se les ha enseñado la mentira que la evolución es un hecho. No lo es. De hecho, la idea de la evolución no es ni siquiera una buena teoría. Desafortunadamente, incluso los maestros de los jóvenes de hoy desconocen las vastas evidencias contra la

evolución, las evidencias que apoyan la creación. Roger Patterson, es un escritor de AiG y exprofesor de escuela pública, expone las evidencias contra la evolución en estos dos excelentes recursos.

8. *The Great Turning Point* — Dr. Terry Mortenson (Green Forest, AR: Master Books, 2004). Muchos en la iglesia en la actualidad piensan que el creacionismo tierra-joven es una invención bastante reciente, popularizada por fundamentalistas cristianos a mediados del siglo XX. El Dr. Terry Mortenson presenta su fascinante investigación original, que detalla el origen de la idea de millones de años y los hombres cristianos que se opusiron a esa idea a principios del siglo XIX.

9. *The New Answers Books 1, 2, 3, y 4* — Ken Ham, general editor (Green Forest, AR: Master Books, 2006, 2008, 2010, 2013). Ahora puede tener a su alcance respuestas sólidas a las grandes preguntas sobre la fe cristiana, evolución, creación y la cosmovisión bíblica. Con autores como Ken Ham, Dr. David Menton, Dr. Andrew Snelling, Dra. Georgia Purdom, Dr. Terry Mortenson y otros, cada capítulo independiente dará respuestas cristianas a preguntas sobre temas como el diluvio de Noé, la creación en seís días, ADN humano y de chimpancé, la clonación y las células madre, y muchos más. También disponible en DVD (libros 1–3) en un formato minientrevista con nuestros autores.

10. *Old-Earth Creationism on Trial* — Tim Chaffey and Dr. Jason Lisle (Green Forest, AR: Master Books, 2008). Muchas iglesias han abandonado el relato del Génesis, que Dios creó en seis días literales. En una discusión vital concentrada dentro de la iglesia, Tim Chaffey y el Dr. Jason Lisle exploran las cuestiones fundamentales en el debate sobre la edad de la tierra, y revelan que el debate tiene una verdad mucho más convincente y simple — la autoridad bíblica.

11. *One Race One Blood: A Biblical Answer to Racism* — Ken Ham y Dr. Charles Ware (Green Forest, AR: Master Books, 2010). Es un hecho raramente discutido en la historia, que la premisa evolutiva darwiniana ha estado profundamente enraizada en la peor idea racista desde su conmienzo. El legado trágico y controversial de las especulaciones de evolución darwinianas a llegado a tomar unas terribles consecuencias que han llegado a los extremos más violentos imaginables. Este libro revela los orígenes de estos horrores y la verdad revelada en la Escritura que Dios creo y diseño una sola raza.

12. *Raising Godly Children in an Ungodly World* — Ken Ham y Steve Ham (Green Forest, AR: Master Books, 2008). Como padres y como hijos de padres que inculcaron un legado de fe en ellos, el popular conferencista crecionista Ken Ham y su hermano Steve comparten desde sus corazones cómo han usado la Biblia para guiarlos mientras crian a sus hijos con la meta de inculcarles un legado de fe dentro de cada uno. Con consejos prácticos basados en la Biblia, este único libro de crianza es una gran guía para padres con hijos de cualquier edad.

13. *Why Won't They Listen? The Power of Creation Evangelism* — Ken Ham (Green Forest, AR: Master Books, 2003). Este libro revolucionario del presidente de AiG Ken Ham ha abierto ya los ojos de miles de cristianos mostrando porque los métodos tradicionales de evangelismo no llegan a la cultura humanista evolucionizaada de la actualidad. Apoyado por el Dr. D. James Kennedy de Evangelism Explosion/Iglesia Presbiteriana Coral Ridge.

14. *The Young Earth, Revised and Expanded* — Dr. John D. Morris (Green Forest, AR: Master Books, 2007). El Dr. John Morris, un geólogo, explica en términos fáciles de entender como la verdadera ciencia apoya a una tierra joven. Lleno de datos que equipan a la gente común y científicos por igual.

15. *Carta de Answers in Genesis,* publicada mensualmente por Answers in Genesis. Para suscribirse, visite www.Answers-InGenesis. org/go/newsletters.

16. Revista *Answers*, publicata cuatrimestralmente por Answers in Genesis. Para información sobre suscripciones o para suscribirse, visite www.AnswersInGenesis.org/go/am.

17. *Conferencistas disponibles para conferencias* — Conferencistas dotados y entrenados en la presentación bíblica y/o aspectos científicos de la controversia creación/evolución — desde publico en general hasta nivel técnico — están disponibles para enseñar, predicar, debatir, etce. Para obtener más información o para solicitar un evento, visite www.AnswersConferences.org.

18. *Otros libros y recursos* — Para una lista completa de libros y otros recursos disponibles sobre la cuestion creación/evolución, contácte con las siguientes organizaciones:

Master Books
P.O. Box 726
Green Forest, AR 72638
www.masterbooks.net

Answers in Genesis
P.O. Box 510
Hebron, KY 41048
www.AnswersinGenesis.org

Answers in Genesis
P.O. Box 8078
Leicester, LE21 9AJ
United Kingdom
www.AnswersinGenesis.org

Acerca del Autor

KEN HAM ES EL PRESIDENTE/DIRECTOR Y FUNDADOR de Answers in Genesis -Estados Unidos y el aclamado Museo de la Creación y el visionario detrás de la construcción del arca de Noé de tamaño real construida al sur de Cincinnati. Se ha vuelto uno de los conferencistas cristianos más solicitados e invitado a talk shows en Estados Unidos.

El apologista bíblico, Ken da numerosas pláticas que edifican la fe a decenas de miles de niños y adultos cada año sobre temas como la confiabilidad de la Biblia, cómo el comprometimiento de la autoridad Bíblica ha socavado la sociedad e incluso la iglesia, evangelizar con más eficacia, los dinosaurios, las "razas", y más. Ken co-fundó AiG en 1994 con el propósito de defender la autoridad de la Biblia desde el primer verso.

Ken es autor de muchos libros sobre Génesis, incluyendo *Already Gone*, co-escrito con el investigador Britt Beemer acerca de por qué muchos jóvenes han dejado la iglesia, el best seller *The Lie: Evolution*, y varios libros para niños (*Dinosaurs for Kids, D for Dinosaur, A Is for Adam,* el nuevo libro *The True Account of Adam and Eve*, y otros). Otros libros recientes co-escritos incluyen *One Race, One Blood* y el provocativo libro *Ya comprometidos* sobre universidades cristianas y cómo tratan la autoridad de la Biblia.

Bajo su dirección, AiG lanzó un impresionante plan de estudio de escuela dominical en 2012 llamado *Answers Bible Curriculum*, que abarca todos los 66 libros de la Biblia (siete niveles de edad, desde el kindergarten hasta adulto). En totalidad, *ABC* defiende la exactitud y la autoridad de la Biblia, y presenta el evangelio.

Ken es escuchado diariamente en el programa de radio *Answers ... with Ken Ham* (Respuestas... con Ken Ham, trasnmitido en más de 500 estaciones) y es un invitado frecuente en programas de talk show de TV nacionales. Desde que el Museo de la Creación fue inaugurado en 2007, ha sido entrevistado en *CBS News Sunday Morning, The NBC Nightly News* con Brian Williams, *The PBS News Hour* con Jim Lehrer, y muchos otros. El Museo, localizado en el norte de Kentucky y cerca de Cincinnati, ha atraído a más de 1.6 millones de visitantes en cinco años.

Ken también es el fundador de la galardonada revista *Answers*, que ganó el prestigioso Premio de Excelencia (para la mejor revista cristiana) en ambos 2011 y 2012 de la Evangelical Press Association (Asociación de Prensa Evangélica). También escribe artículos para el popular web site de AiG www. AnswersInGenesis.org, que en 2012 fue el receptor del Best Ministry Website (Mejor Sitio Web de Ministerio) otorgado por National Religious Broadcasters de 1,200 miembros. El sitio web de AiG recibe más de 1 millón visitantes web al mes.

El grado del licenciatura de Ken es en ciencias aplicadas (con énfasis en biología ambiental) fue premiado por el Instituto Queensland de Tecnología en Australia. También tiene un diploma de educación de la Universidad de Queensland (un título de posgrado necesario para que Ken comenzara su carrera inicial como maestro de ciencias en las escuelas públicas de Australia).

En reconocimiento a la contribución que Ken ha hecho a la iglesia en los Estados Unidos e internacionalmente, Ken ha sido galardonado con cuatro doctorados honorificos: Doctor en Divinidad (1997) del Temple Baptist College en Cincinnati, Ohio; Doctor en Literatura (2004) de la Universidad Liberty en Lynchburg, Virginia; Doctor en Letras (2010) de la Universidad Tennessee Temple; y un doctorado en Letras Humanas de la Universidad Mid-Continent en Kentucky (2012).

Ken y su esposa, Mally, residen en el área de Cincinnati. Tienen cinco hijos y diez nietos.

Línea de tiempo de Ken Ham

1974 Ken Ham obtiene una copia del libro *El diluvio de Génesis*.

1975 Ken Ham comienza su carrera docente en la Escuela Secundaria Estatal Dalby en Queensland, Australia. Sus estudiantes de ciencia lo desafían acerca de creer la Biblia debido a la enseñanza de la evolución en los libros de texto de ciencias.

1975 Ken Ham da su primer plática sobre apologética creacionista en un iglesia bautista en Brisbane, Australia.

1977 Ken Ham y John Mackay celebran el primer seminario creacionista. Ken, maestro de ciencias y su esposa, Mally, y el maestro de Ciencias John Mackay comienzan dos ministerios en la casa de Ken y Mally en Australia: un ministerio de libros llamado Cration Scinece Supplies (Suministros de Ciencia Creacionista) y un ministerio de enseñanza llamado Creation Science Media Services (Sevicios de Medios Educativos de Ciencia Creacionista).

1979 En un servicio especial en su iglesia, Bautista de Sunnybank en Brisbane, Australia, el pastor y los diáconos ponen manos sobre Ken y Mally para apartarlos para el trabajo del ministerio creacionista.

1979 Ken deja la enseñanza por el ministerio creacionista a tiempo completo.

1980 El 15 de febrero, Suministros de Ciencia Creacionista y Servicios de Medios Educativos de Ciencia Creacionista se fusionaron y se volvieron The Creation Science Foundation (Fundación de Ciencia Creacionista).

1981 Ken va a su primera gira de conferencias en los Estados Unidos.

1981-1985 Ken se involucra a tiempo completo en el ministerio de enseñanza en Australia y a giras de conferencias en los Estados Unidos. Durante este tiempo, el miembro de la junta directiva de CSF Thallon John y Ken Ham se arrodillan ante el Señor en un pedazo de propiedad al sur de Brisbane y oran para un Museo de la Creación.

1986 Ken, Mally, y sus cuatro hijos se mudan a Arizona por seis meses para trabajar con Movies for Christ (Películas para Cristo); *The Genesis Solution (La solución de Génesis*, película/vídeo) se graba en Grace Community Church en Tempe, Arizona y es lanzada en 1987.

1986 *Understanding Genesis (Entendiendo Génesis,* una serie de videos de 10 partes con Ham y el Dr. Gary Parker) es filmada en New South Wales, Australia.

1987 Ken es prestado por CSF al Instituto de Investigación de la Creación (ICR, por sus siglas en inglés) del Dr. Henry Morris en California como conferencista. El hijo del Dr. Henry Morris John Morris desde entonces ha asumido el papel de presidente. Los Ham se mudan a los Estados Unidos el 22 de enero.

Ken y John Morris del ICR en Alaska

1987 Lanzamiento del libro *The Lie: Evolution* y la película/vídeo *The Genesis Solution* por Films for Christ

1988 *The Genesis Solution* (libro) y *Creation and the Last Days (La Creación y los últimos días, video)* son lanzados por *CLP Video/Master libros.*

1990 *The Answers Book; What Really Happened to the Dinosaurs? (El libro de respuestas; ¿Qué sucedió realmente a los dinosaurios?,* libro infantil); The Genesis Foundation (El fundamento de Génesis, serie de videos de 3 partes) de CLP; Back to Genesis (De regreso a Génesis, serie de videos de 11 partes para el ICR).

1991 *Genesis and the Decay of the Nations (Génesis y la decadencia de las Naciones,* book); *D Is for Dinosaur* (children's book)

1992 *The Answers Book (El libro de respuestas)*, actualizado; *Creation and the Christian Faith* (*Creación y la fe cristiana*, video), *Answers in Genesis* (video); *D de dinosaurio* (video) para Creation Science Foundation Fundación/Master Books.

1993 Ken renuncia al ICR a finales de año con la visión de comenzar su propio ministerio creacionista orientado al público en general; El Dr. Morris se vuelve en uno de los primeros donantes para el nuevo ministerio.

1994 Ken, junto con Mark Looy y Mike Zovath, fundan Creation Science Ministries (Ministerios Ciencia Creacionista, CSM por sus siglas en inglés), para ser más adelante Answers in Genesis (Respuestas en Génesis).

Ken, Mark, and Mike — the beginning of Answers in Genesis

1994 En marzo/abril, los Hams, Looys y Zovaths se mudan del sur de California al norte de Kentucky en la nueva sede del ministerio; la primera Conferencia de CSM "Respuestas en Génesis" es en Denver, Colorado, en marzo, atrayendo a 2,200 adultos y más de 4,000 estudiantes. El primer boletín del ministerio fue enviado por correo en marzo también.

1994 En octubre, el programa de radio Respuestas... con Ken Ham comienza a transmitirse. La junta directiva CSM se reúne a finales de año y decide cambiar el nombre del ministerio a Answers in Genesis (AiG) para reflejar enfoque del Ministerio en la autoridad de la Biblia así como la apologética.

1994 *Genesis and the Decay of the Nations*, es actualizado; Answers in Genesis (serie de video de 12 partes con Ken Ham y el Dr. Gary Parker), Master Books

1995 Primer sitio web de AiG es diseñado y lanzado.

1995 *A de Adán* libro infantiles lanzado.

1996 *The Answers Book*, actualizado otra vez; *The Lie: Evolution*, edición actualizada; AiG produce tres videos: *The Family Answers Video (El video de respuestas para la familia); Raising Godly Children in an Ungodly World (Criando hijos piadosos en un mundo impío) Evolution: The Anti-God Religion of Death (Evolución: La religión anti-Dios y de muerte; y A Is for Adam: The Gospel from Genesis (A de Adán: El evangelio desde Génesis).*

1997 *And God Saw That It Was Good (Y vio Dios que era bueno,* libro); *The Monkey Trial: The Scopes Trial and the Decline of the Church (El juicio del mono: El juicio de Scopes y el decline de la iglesia,* video de AiG); *Dinosaurs: Missionary Lizardas to the Lost World (Dinosaurios: Lagartos misioneros para el mundo perdido,* video de AiG).

1998 Dos libros lanzados: *Creation Evangelism for the New Millennium (Evangelismo creacionista para el nuevo milenio); The Great Dinosaur Mystery Solved! (¡El gran misterio de los dinosaurios resuelto!)* (Master Books).

1999 *The Answers Book:* Actualizado y ampliado; co-autor del libro *One Blood: The Biblical Answer to Racism (Una sangre: La respuesta bíblica al racismo),* ediciones en ingles y español; *The Lie: Evolution,* edición actualizada; libro *Did Adam Have a Belly Button? (¿Tenía Adán ombligo?); One Blood: The Biblical Answer to Racism* (*Una sangre: La respuesta bíblica al racismo,* video de AiG); *Respúestas . . . con Ken Ham* (video serie de 12 partes , co-producido con la Universidad de Cedarville).

2000 *The Answers Book:* revisado y expandido, ediciones en inglés y español; *No Retreats, No Reserves, No Regrets: Why Christians Should Never Give Up, Never Hold Back, and Never Be Sorry for Proclaiming Their Faith (Sin retiradas, sin reservas, sin lamentos: Por qué los cristianos nunca deben desistir, nunca retroceder, y nunca avergonzarse por proclamar su fe).*

2001 *Creation Evangelism for the New Millennium,* edicón en español; *The Lie: Evolution,* edición en español; libro *Dinosaurs of Eden* (*Dinosaurios del Edén,* libro infantil de Master Books).

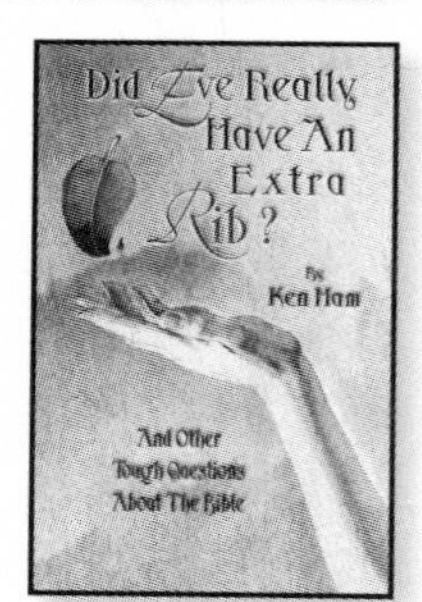

2002 *Did Eve Really Have an Extra Rib?* (*¿Tenía Eva realmente una costilla extra?,* libro); *Why Won't They Listen* (*¿Por qué no escucharán?,* libro); *101 Signs of Design: Timeless Truths from Genesis* (*101 Señales de diseño: Verdades intemporales de Génesis*); libro co-escrito *When Christians Roamed the Earth: Is the Bible-Believing Church Headed for Extinction?* (*Cuando los cristianos vagaban por la tierra: ¿Está dirigiendose a la extinción la iglesia creyente en la Biblia?;* libro co-escrito *Walking Through Shadows: Finding Hope in a World of Pain (Caminando a través de las sombras: Encontrando esperanza en un mundo de dolor); Creation Mini-Series con Ken Ham (Miniserie Creación con Ken Ham)* (video serie de seis partes, coproducida con la Iglesia Bautista Thomas Road, Virginia).

2003 AiG lanza *Genesis: The Key to Reclaiming the Culture* (*Génesis: La clave para recuperar la cultura,* video); *Why Won't They Listen?* (video); *Six Days & the Eisegesis Problem* (*Seis días y el problema de la eisegesis,* video).

2004 En septiembre, el personal de AiG de cerca de 100 se muda de cuatro oficinas rentadas en Florence, Kentucky, a un edificio al lado del Museo de la Creación en construcción (Petersburg, Kentucky).

2005 *War of the Worldviews: Powerful Answers for an Evolutionized Culture* (*Guerra de cosmovisiones: Respuestas poderosas para una cultura evolucionada*, libro); *All God's Children: Why We Look Different* (*Todos los hijos de Dios: ¿Por qué nos vemos diferentes?*, libro infantil); *Answers Academy* (*Academia Respuestas*, videoserie de 12 partes de AiG)

2005 Recaudación de fondos para el Museo de la Creación de lleno— AnswersInGenesis.org recibe el prestigioso premio Website of the Year Award de National Religious Broadcasters. AiG rebasa la marca de $ 20 millones en donaciones para el Museo de la Creación cuyo cos to es de $ 27 millones y espera su apertura en 2007. Lanzamiento de la revista Answers.

2006 Libros que incluyen: *The New Answers Book* (*El nuevo libro de respuestas*); *Genesis of a Legacy* (*Génesis de un legado*, libro); *My Creation Bible* (*Mi Biblia de la Creación*); *It's Designed to Do What It Does Do* (*Está diseñado para hacer lo que hace*).

2007 En enero, se lanza Answers Worldwide. El 28 de Mayo, abre el Museo de la Creación.

2007 *Darwin's Plantation: Evolution's Racist Roots* (*La plantación de Darwin: Las raíces racistas de la evolución*, libro); *How Could a Loving God?* (*¿Cómo podría un Dios amoroso?*, libro); *Demolishing Strongholds* (*Derribando fortalezas, videoserie de 12 partes de AiG)*

2007 El Ministerio comienza a utilizar su nuevo logotipo el 15 de junio.

2008 Se presenta a AiG y Ken el Premio a la Integridad por la National Assoiation of Christian Financial Consultans (Asociación Nacional de Consultores Financieros Cristianos). AiG graba pláticas en India para traducirse en Hindi y Telugu. El zoológico interactivo de animales se inaugura en terrenos del Museo de la Creación. El primer nacimiento vivo al aire libre del Museo de la Creación se lleva a cabo en diciembre.

2008 *The New Answers Book 2* (*El nuevo libro de respuestas 2*); *Raising Godly Children in an UngodlyWorld* (libro); *Journey Through the Creation Museum (Viaje a través del Museo de la Creación,* libro); *The Answers Book for Kids* (*El libro de respuestas para niños*), Vol. 1 y 2

2009 AiG graba pláticas de Ken Ham en Japón.

2009 *Already Gone* (*Ya se fueron*, libro); *The Answers Book for Kids* (El libro de respuestas para niños), Vol. 3 y 4; *Dinosaurs for Kids* (*Dinosaurios para niños,* libro); *The Evolution of Darwin* (*La evolución de Darwin,* vídeoserie de AiG de tres partes); *Already Gone: Why Your Kids Will Quit Church and What You Can Do To Stop It* (*Ya se han fueron: Por qué sus hijos dejarán de iglesia y que puede hacer para detenerlo,* video de AiG); *State of the Nation: The Collapse of Christian America* (*El Estado de la Nación: El colapso de los Estados Unidos cristianos,* vídeo de AiG).

2010 26 de abril, el Museo de la Creación da la bienvenida al huésped millonésimo (en menos de tres años). El 1 de diciembre el liderazgo de AiG, con el gobernador de Kentucky Steve Beshear y el Ark Encounter LLC de Springfield, Missouri, anuncian la construcción planeada del Ark Encounter en Williamstown, Kentucky.

2010 Libros: *The New Answers Book 3* (*El nuevo libro de respuestas 3*); *One Race, One Blood* (*Una raza, una sangre*); *Demolishing Supposed Bible Contradictions* (*Derribando supuestas contradicciones de la Biblia*), Vol. 1; *State of the Nation: Erosion of Christian America* (*El Estado de la Nación: La erosión de los Estados Unidos cristianos,* video de AiG).

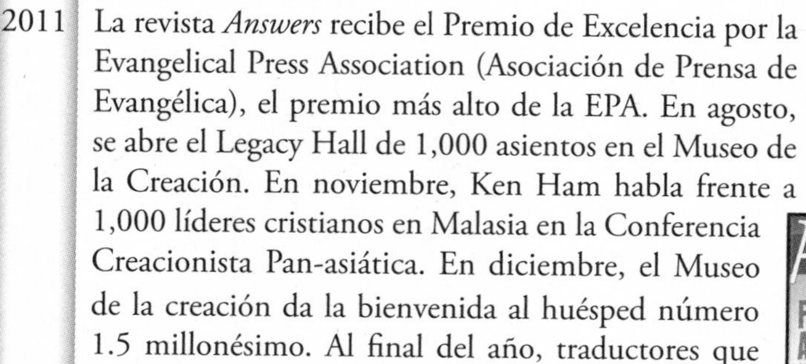

2011 La revista *Answers* recibe el Premio de Excelencia por la Evangelical Press Association (Asociación de Prensa de Evangélica), el premio más alto de la EPA. En agosto, se abre el Legacy Hall de 1,000 asientos en el Museo de la Creación. En noviembre, Ken Ham habla frente a 1,000 líderes cristianos en Malasia en la Conferencia Creacionista Pan-asiática. En diciembre, el Museo de la creación da la bienvenida al huésped número 1.5 millonésimo. Al final del año, traductores que

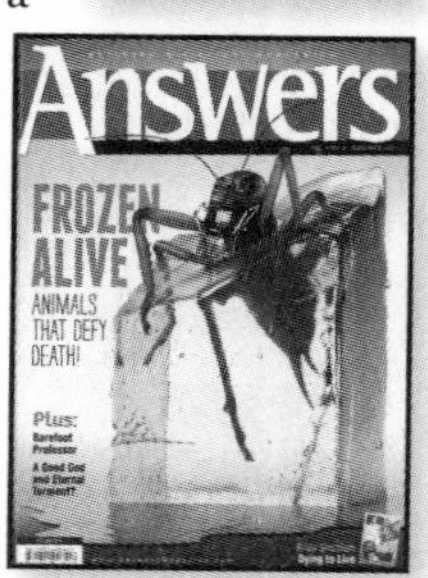

representan 77 idiomas se han envuelto en la producción de materiales de AiG.

2011 Libros que incluyen: *Already Compromised* (*Ya comprometidos*); *How Do We Know the Bible Is True?* (*¿Cómo sabemos que la Biblia es verdadera?*) Vol. 1; *Begin: A Journey Through Scriptures for Seekers and New Believers* (*Comenzar: Un viaje a través de las Escrituras para buscadores y nuevos creyentes*); *Answers Book for Teens* (*Libro de respuestas para adolescentes*), Vol. 1; *Demolishing Supposed Bible Contradictions* (*Deribando supuestas contradicciones de la Biblia*), Vol. 2; *The Foundations* (*Los fundamentos*, videoserie de partes seis de AiG).

2012 Por segunda vez en seis años, AnswersInGenesis.org es el ganador del Website of the Year Award del National Religious Broadcasters. En abril, el Observatorio Johnson con telescopios de alta potencia se abre en terrenos del Museo de la Creación. El *Answers Bible Curricumlum* (*Curriculo Bíblico de Respuestas*) es lanzado.

2012 Libros que incluyen: *Answers Book for Teens* (*Libro de respuestas para adolescentes*), Vol. 2; *The True Account of Adam and Eve* (*El verdadero relato de Adán y Eva*); *How Do We Know the Bible Is True?* (*¿Cómo sabemos que la Biblia es verdadera?*) Vol. 2.

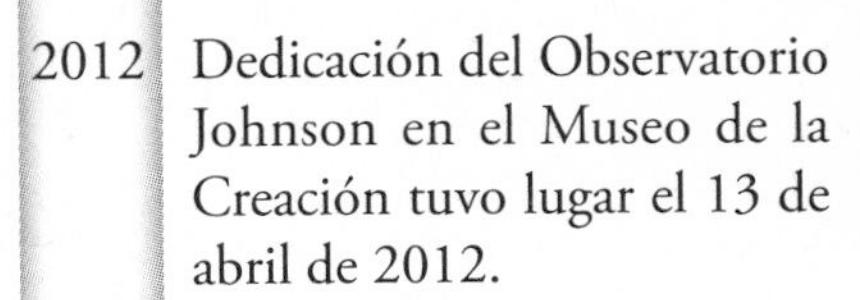

2012 Dedicación del Observatorio Johnson en el Museo de la Creación tuvo lugar el 13 de abril de 2012.

2012 En octubre, se lanza una edición revisada y ampliada de *La Mentira* para el aniversario número 25 del libro.

Foto reciente de los terrenos del Museo la Creación

ÍNDICE

Ya está disponible!

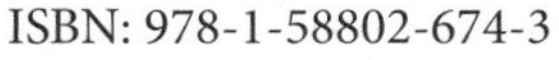
ISBN: 978-1-58802-674-3 ISBN: 978-0-89051-881-6 ISBN: 978-0-89051-938-7

ISBN: 978-0-89051-840-3 ISBN: 978-0-89051-841-0

Títulos de gran venta disponibles en español

978-0-89051-921-9

978-0-89051-804-5

978-0-89051-880-9

978-1-88527-056-6